怀孕40周营养餐

许鼓　曹伟　贾会云　主编

陕西新华出版传媒集团
太白文艺出版社

图书在版编目（CIP）数据

怀孕 40 周营养餐 / 许鼓，曹伟，贾会云主编 . —西安：太白文艺出版社，2019.4

ISBN 978-7-5513-1600-2

Ⅰ . ①怀… Ⅱ . ①许… ②曹… ③贾… Ⅲ . ①孕妇—妇幼保健—食谱 Ⅳ . ① TS972.164

中国版本图书馆 CIP 数据核字（2019）第 014407 号

怀孕 40 周营养餐

HUAIYUN 40 ZHOU YINGYANG CAN

主　　编	许　鼓　曹　伟　贾会云	
责任编辑	彭　雯	
特约编辑	苑浩泰	
整体设计	**Metis** 灵动视线	
出版发行	陕西新华出版传媒集团	
	太白文艺出版社（西安市曲江新区登高路 1388 号　710061）	
	太白文艺出版社发行：029-87277748	
经　　销	新华书店	
印　　刷	北京旭丰源印刷技术有限公司	
开　　本	710 毫米 ×1000 毫米　　1/12	
字　　数	270 千字	
印　　张	18	
版　　次	2019 年 4 月第 1 版　2019 年 4 月第 1 次印刷	
书　　号	ISBN 978-7-5513-1600-2	
定　　价	76.00 元	

孕育新生命，"食"关重大
Good Nutrition for Good Fetus

　　当您准备孕育新生命时，您可知道，宝宝的外貌、体形、智商除了和遗传有关之外，和孕妈妈在孕期的营养也是息息相关的哦！孕妈妈如果能根据胎儿每个时期的发育情况，摄取适当的营养，就能给宝宝的成长"添砖加瓦"。比方说，胎儿大脑发育的关键期——孕早期和孕晚期，如果孕妈妈能适当多摄入富含DHA、卵磷脂的食物，就能为宝宝的智力发育增加助力；在胎儿骨骼迅速发育的孕中期和孕晚期，孕妈妈多选择富含钙元素和维生素D的食物，可促进胎儿躯干、四肢的发育，为宝宝将来拥有强健的骨骼和高大结实的体格打下良好的基础。并且，您还可以根据对宝宝的期望来选择相应的食物。如果您想让您的宝宝皮肤白嫩细腻，不妨多摄入水果、坚果和牛奶；如果您想让宝宝智商更出众、眼睛明亮如水，那就适当地多吃些海鱼、海虾、核桃、芝麻等富含不饱和脂肪酸的食物；如果您想给宝宝提供足够的蛋白质，可是又不想自己发胖，那就选择鸡肉、鱼肉等高蛋白、低脂肪的食物吧……

　　孕育新生命，真是"食"关重大。只有均衡合理地饮食，才能为胎儿提供生长发育所需的全部营养，同时才能为自己补充体力，继而从容地面对孕产期所出现的各种不适。为了最大限度地满足孕妇和胎儿发育成长的营养需求，让每一位孕妈妈都能在孕期科学合理地安排自己的饮食，孕产育权威专家和营养学家精心编写了这本《怀孕40周营养餐》。

　　《怀孕40周营养餐》全面系统地将整个孕期细分为孕前（3个月）、孕期（10个月）两大时期，并根据各个时期孕妈妈的身体状况和胎儿发育的特点，指导孕妈妈的饮食安排。当中不仅指出了每一时期孕妈妈的饮食原则、饮食宜忌，也介绍了该时期需要补充的明星营养素，并针对每一时期孕妈妈可能会出现的不适或疾病，给出饮食调理方案。同时，为了便于读者朋友们实际操作，本书在每一时期都附有精心挑选的食谱。可以说，孕妈妈在饮食上所有的疑惑，在本书中都能找到答案。

　　接下来，就请您走进孕期奇妙的饮食之旅吧！愿您孕育的宝宝健康、聪明，愿即将或正在经历孕育过程的您健康、美丽！

孕产营养学专家、孕期营养学泰斗

上海营养学会妇幼营养专业委员会原主任委员

上海医科大学营养医学研究中心主任

复旦大学公共卫生学院教授

国务院特殊津贴获得者

邵玉芬

2014年3月

第一章 孕前3个月：孕前营养积累，提升"孕"力
Three Months Before Pregnancy: The Accumulation of Nutrition

目录
Contents

第二章 孕1月（1~4周）：生命的种子开始发芽
The First Month of Pregnancy: The Seed of Life Sprouts

第三章 孕2月（5~8周）：疲惫与快乐交织的幸福时光
The Second Month of Pregnancy: Tired but Happy

第四章 孕3月（9~12周）：害喜困扰的时光
The Third Month of Pregnancy: Morning Sickness

第五章 孕4月（13~16周）：腹部悄悄鼓起来了
The Fourth Month of Pregnancy: Belly Bulging

第六章 孕5月（17~20周）：来自胎动的感动
The Fifth Month of Pregnancy: Touched by Fetal Movement

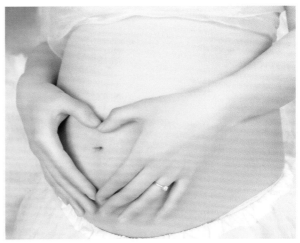

第七章 孕6月（21~24周）："孕"味十足
The Sixth Month of Pregnancy: A Proud Pregnant Mommy

第八章 孕7月（25~28周）：日渐蹒跚也幸福
The Seventh Month of Pregnancy: Tramping but Happy

第九章 孕8月（29~32周）：开始营养冲刺了
The Eighth Month of Pregnancy: Nutrition Sprinting

第十章 孕9月（33~36周）：胜利前的艰苦斗争
The Ninth Month of Pregnancy: The Baby's Coming

第十一章 孕10月（37~40周）：迎接胜利的到来
The Tenth Month of Pregnancy: Look! So Lovely a Baby

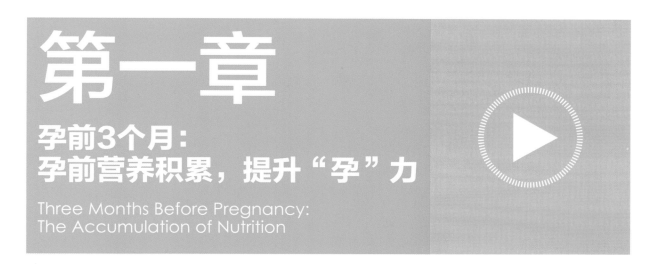

第一章

孕前3个月：
孕前营养积累，提升"孕"力

Three Months Before Pregnancy:
The Accumulation of Nutrition

- 孕前准备工作没有做，天天加班喝着咖啡、浓茶，还生病吃着药，突然间发现自己意外怀孕了，这"意外的惊喜"到底是要还是不要呢？真是纠结啊！
- 最近身体虚得很，宝宝却意外造访，不知道这虚弱的身子能否提供两个人的养分。未来母子的健康和安全真是让人担忧。
- 孕前没有做好充足的营养准备，心里不免有些忐忑，总感觉从一开始就没有给宝宝最好的，宝宝将来若体弱多病，我一定会扼腕不已。

......

这一系列的问题都在提醒着想要宝宝的准爸爸和孕妈妈，怀孕绝对不是只有怀胎的10个月才重要，孕前的准备也同样关键。

一、怀上最棒胎儿，要从孕前积累营养

生一个活泼健康的孩子是每一对夫妻的愿望。要想实现这个愿望，夫妻双方从孕前就要开始注意调节饮食，做好孕前营养准备。这是为什么呢？

1.良好体质是胎宝宝健康成长的基础

在孕前，夫妇双方都要具有良好的营养状况、拥有健康的体格，才能产生高质量的精子和卵子，为受精卵的良好发育打下基础。同时，在人生的各个阶段，没有哪个阶段像胎儿这样依赖于母体，母体的营养与胎宝宝的发育密切相关。

胎儿的营养完全依赖于母体的供给，母体的不良健康状况将对胎儿的健康造成巨大影响。女性孕前营养不良，体内各种营养素就会储备不足，如果怀孕后又不能及时补充，胎儿就无法从母体中摄取足够的营养素，其发育就会受到限制，分娩小样儿（即足月出生的新生儿体重小于2500克者）的可能性就会增大，甚至有的会由于母体孕前缺乏维生素A或锌而导致胎儿畸形。此外，孕前营养不良的女性可能会发生乳腺发育不良，从而导致产后泌乳不足，直接影响到新生儿的喂养。

平时营养不良的女性，怀孕后必然体质差。即使孕后

▲ 夫妻双方健康的体格是打造高质量受精卵的基础。

加强了营养，但由于胎儿的营养需求，孕妇的体质也不可能有明显的增强，待到临产时往往不易承受分娩所需的大量体能消耗，致使分娩时产力弱、子宫收缩无力、产程延长，甚至造成难产，给产妇、新生儿带来危险。

2.孕早期的营养补给有赖于孕前储备

胎儿大脑和神经系统的发育自孕妈妈怀孕后3个月已经开始，并且一直延续到孩子的青春期为止，其中最关键的是孕妈妈怀孕后的前3个月这一阶段。在这个时期内，胎儿的各个重要器官心、肝、肠、肾等都已经分化完毕，并已具雏形，大脑也开始迅速发育。因此，在这个关键时期，胎儿必须从母体内获得充足而全面的营养，特别是优质蛋白质、脂肪、矿物质、维生素、铁、叶酸等。这些物质一旦供给不足，就会妨碍胎儿的正常发育。研究证明，如果孕妈妈患缺铁性贫血，可能会影响宝宝出生后的智力；孕期叶酸的缺乏可能导致胎儿出生缺陷，造成大脑及神经管畸形，从而影响生命质量等。

怀孕后的1~3个月，恰恰是孕妈妈容易发生早孕反应的时期。在孕早期，约有半数以上的孕妈妈会出现恶心、呕吐、不想进食等早孕反应，大大影响了营养的摄取。因此，妊娠早期胎儿的营养来源，很大部分只能依靠母体内的储备，即怀孕前一段时期的营养储备。而且，有的营养成分只能依赖母体的储备，无法即用即摄入。

所以，为了让胎宝宝的"粮袋"丰盈，备孕女性不妨从孕前就开始有意识地进行营养储备吧！

▲ 孕早期，绝大多数妈妈会有早孕反应，从而影响到营养的摄取，所以应从孕前就开始有意识地进行营养储备。

二、孕前体重调适，让你的孕期更顺利

"怀孕前能多吃点儿就多吃点儿，身体棒棒的，生出的宝宝才会更健康。"在备孕阶段，经常会听到老一辈人对年轻夫妻这样说。结果，一段时间过去后，备孕女性却吃入了"微胖界"。孕前被婆婆养得白白胖胖的，的确是一种幸福，但是将来的胎宝宝可不喜欢体重超标的妈妈哦！

1.你的体重影响你的"孕"力

孕前体重直接影响备孕女性的"孕"力，体重过轻或者过重都是不利于受孕的。就算怀上了，对胎儿也会产生不利影响。

● 太瘦——易在孕早期流产

如今的审美观念是以瘦为美，有道是"楚王好细腰，宫中多饿死"。为了变瘦，爱美的女性们常常表现出大无畏的精神，勇于尝试各种稀奇古怪的减肥方法，殊不知，很多减肥方法是以牺牲健康为代价的。这些成功减重的瘦弱女性在这种健康状态不佳的情况下受孕，当然是不可取的。

因此，为了孕期的安全，备孕女性切勿胡乱减肥，而体重过轻的备孕女性最好在孕前开始增肥，让体重达到健康标准。

● 过胖——易生出缺陷宝宝

现代人生活条件好了，大鱼大肉成了家常菜，野菜、粗粮倒成稀世佳肴了。因此，大街上的胖人越来越多，原发性高血压、高脂血症、糖尿病也摇身变成了现

▲ 腰身纤瘦的女性容易在孕早期流产，所以孕前不要过于追求纤瘦美。

代人司空见惯的"富贵病"。

研究发现，孕前身体肥胖的女性产下缺陷宝宝的概率要比体重正常的女性大得多。同时，肥胖的女性怀孕后，孕期并发原发性高血压、糖尿病等高危病症的概率也很大，给母婴的身体健康带来威胁。

2.根据体重指数评估你的体重是否达标

既然体重过轻或过重都不利于受孕，那么，体重在什么范围才算正常呢？我们通常利用体重指数来衡量肥胖程度。

体重指数的计算方法：如表1-1所示

体重指数=体重（千克）÷身高的平方（米×米）

比如，备孕女性的身高是1.60米，体重是50千克，那么她的体重指数：50÷（1.6×1.6）≈20。体重指数18.5~23.9为正常范围值。因此，该备孕女性的体重属于正常范围。

表1-1　体重指数评估标准

体重指数	评估标准
18.5~23.9	体重正常
24~27.9	体重超重
≥28	肥胖
<18.5	体重过轻

▲ 可用体重指数来评估你的体重是否达标。

幸"孕"小提示

备孕男性也要控制体重

体重对于计划怀孕的男性来说一样很重要，合理的体重能提高精子质量和生育能力。与体重正常的男子相比，超重男子由于体内脂肪大量储存，造成阴囊脂肪堆积过多，精子生成受到影响，其精子密度较正常男子会降低24%，并且肥胖可导致性欲减退和阳痿，影响生育和夫妻性生活的和谐。而体重过轻的男子，其精子密度比正常体重的男子会降低36%，精子质量也大大下降。

3.根据体重来调整饮食结构

既然体重直接影响着"孕"力，那么备孕女性需要在充分了解自身体重状况的基础上，适当调整饮食结构，给胎宝宝营造一个优质的子宫环境。

● 体重正常者

按孕前膳食标准适当调整饮食结构，多摄入含优质蛋白的食品，如奶、蛋、瘦肉、鱼、虾、豆制品等。一日三餐都要保证，切不可不吃早餐，这是因为吃早餐可以避免血液黏稠、胆汁黏稠等危险，也可避免午餐进食过多，有助于养成良好的饮食习惯。从孕前3个月开始服用多种维生素或叶酸补充剂。

● 体重超重及肥胖者

过于肥胖的女性要想把体重减下来，应在保证营养平衡的基础上减少每日热量的摄入，以低热量、低脂肪的食品为主，适当补充优质蛋白，多吃蔬菜和水果。主食应占食品摄入总量的60%~65%，减少脂肪类食品的摄入量，如肥肉、动物内脏、蛋黄、植物油等。另外需要注意的是，减肥的目的是降低因肥胖而导致疾病的危险性，应在医生的指导下进行。准备近期怀孕的女性不宜服用药物减肥。

● **体重过轻者**

体重过轻者孕前应检查自己是否患有营养不良性疾病，如贫血、缺钙、缺碘、维生素缺乏等。如果有以上症状，需要在医师的指导下进行治疗；如果没有，自孕前3个月起，应开始补充多种维生素、矿物质和叶酸。同时保证合理均衡的膳食结构，适当增加碳水化合物、优质蛋白食品的摄入，脂肪类食品应按需摄取，不宜过多摄入，要多吃新鲜蔬菜和水果，纠正厌食、挑食、偏食的习惯，减少零食的摄入量。另外，还需检查是否因潜在的疾病造成营养不良，如血液病、心血管病、肾病、糖尿病、结核病等。戒烟、酒及成瘾药物，如吗啡、大麻等。最好在体重达到标准后再怀孕。

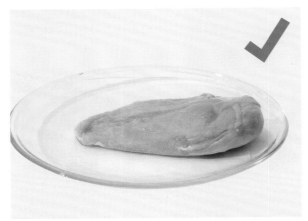

▲ 肥胖者应多吃鸡肉等低热量、低脂肪的食品，减少动物内脏等高脂肪食品的摄入量。

三、备孕女性孕前需要补充的营养素

很多女性在得知自己怀孕后，才开始注意饮食的选择和营养的补充。其实，只重视怀孕后的饮食是远远不够的，孕前的饮食营养同样也不可忽视。做好孕前营养积累，可以让孕妈妈"孕"力十足。现在，就来看看孕前需要补充的营养素有哪些吧！

1.测一测自己缺乏哪种营养素

为了能生一个聪明健康的宝宝，备孕女性在孕前需要缺什么补什么。那么，如何了解自己的身体缺什么呢？可以根据下面的"营养素检测表"进行自测，再进行相应的饮食调整。

2.备孕女性孕前必补的营养素

根据表1-2，备孕女性可以了解到自身缺乏何种营

表1-2　营养素检测表

下面提到的一些症状，如果备孕女性经常出现，则每1种得1分。很多症状出现的频率可能超过1次，因为这些症状是由多种营养素缺乏引起的。如果备孕女性出现了加粗标明的任何一种症状，每项得2分。各种营养素对应的最高分值为10分，分值记录在右边的得分栏里。

营养素	症状	得分
维生素A	❶口腔溃疡 ❷夜视能力欠佳 ❸频繁感冒或感染 ❹脸上经常冒痘痘 ❺皮肤薄、干燥 ❻有头皮屑 ❼经常腹泻 ❽有鹅口疮或膀胱炎	
维生素B₁	❶肌肉松弛 ❷脚气病 ❸易怒 ❹注意力不集中 ❺眼睛疼痛 ❻记忆力差 ❼胃疼 ❽手、脚部刺痛 ❾便秘 ❿心跳加速	
维生素B₂	❶眼睛充血、灼痛或沙眼 ❷舌头疼痛 ❸对亮光敏感 ❹湿疹或皮炎 ❺指甲开裂 ❻嘴唇干裂 ❼白内障 ❽头发过干或过油	
维生素C	❶缺乏精力 ❷常易感染 ❸经常感冒 ❹流鼻血 ❺牙龈出血或过敏 ❻伤口愈合缓慢 ❼容易发生皮下出血 ❽皮肤出现红疹	
维生素D	❶关节疼痛或僵硬 ❷关节炎和骨质疏松 ❸骨质脆弱 ❹背部疼痛 ❺龋齿 ❻脱发 ❼肌肉抽搐、痉挛	
维生素E	❶轻微锻炼便筋疲力尽 ❷容易发生皮下出血 ❸性欲低下 ❹不易受孕 ❺皮肤缺乏弹性 ❻肌肉缺乏韧性 ❼下肢静脉曲张 ❽伤口愈合缓慢	
维生素B₁₂	❶精力不足 ❷肤色苍白 ❸头发状况不良 ❹口腔对冷或热过度敏感 ❺湿疹或皮炎 ❻焦虑或紧张 ❼易怒 ❽便秘 ❾肌肉松弛或疼痛	
叶酸	❶嘴唇干裂 ❷少白头 ❸湿疹 ❹焦虑或紧张 ❺抑郁 ❻记忆力差 ❼胃痛 ❽食欲不佳 ❿精力不足	

续表

营养素	症状	得分
α-亚麻酸	①皮肤干燥或有湿疹 ②有炎症，如关节炎 ③头发干燥或有头皮屑 ④过度口渴或出汗 ⑤经前综合征或乳房疼痛 ⑥原发性高血压或高脂血症 ⑦经常感染 ⑧记忆力差 ⑨水分潴留	
铁	①肤色苍白 ②舌头疼痛 ③疲劳或情绪低落 ④食欲不佳或恶心 ⑤经血过多或失血	
钙	①抽筋或痉挛 ②失眠或神经过敏 ③关节疼痛或关节炎 ④原发性高血压 ⑤龋齿	
锌	①味觉或嗅觉减退 ②两个以上的手指甲有白斑 ③经常发生感染 ④有生长纹 ⑤油性皮肤或长痘	

计算每一种营养素的总分值。营养素所得的分值越高，说明备孕女性对这种营养素的需求越大，应该增加补充量。

养素，从而能在日常饮食中做到缺什么补什么。下列营养素是备孕女性必须要补充的，因为它们都是增强"孕"力不可缺少的原料。

叶酸： 叶酸是胎儿生长发育不可缺少的营养素。若不注意孕前与孕期补充叶酸，则有可能影响胎儿大脑和神经管的发育，造成神经管畸形，严重者可致脊裂或无脑畸形儿。研究发现：女性孕前1~2个月内每日补充400微克叶酸，可使胎儿发生兔唇和腭裂的概率降低25%~50%，先天性心脏病患儿概率降低35.5%。

铁： 铁是人体合成红细胞的主要原料之一，孕前的缺铁性贫血很可能会殃及孕期，导致孕妈妈心慌气短、头晕乏力，导致胎儿宫内缺氧、生长发育迟缓、出生后易患营养性缺铁性贫血等。为了给自身及胎儿造血做好充分的铁储备，备孕女性从孕前就应每天摄入15~20毫克的铁。

锌： 锌在生命活动过程中起着转运物质和交换能量的作用，故被誉为"生命的齿轮"。备孕准夫妻宜多摄入富含锌的食物，为孕后胎儿的脑发育做准备。备孕女性每天需从饮食中补充12~16毫克的锌。

钙： 备孕女性若钙元素摄入不足，不仅会影响自身的身体健康，还会导致孕期易出现小腿抽筋、疲乏、倦怠等不适，产后也易出现骨软化、牙齿疏松或牙齿脱落等现象。同时还会影响胎儿的发育，使胎儿乳牙、恒牙的钙化和骨骼的发育受到阻碍。为了防止上述现象的发生，备孕女性每天至少需要补钙约800毫克。

▲ 先了解自身缺乏何种营养素，才能做到缺什么补什么。

碘：碘是人体各个时期所必需的微量元素之一。孕前补碘比孕期补碘对下一代脑发育的促进作用更为显著。如备孕女性孕前体内含碘不足，将直接影响体内甲状腺素的分泌，造成甲状腺素缺乏，胎儿出生后易发生甲状腺功能低下等疾病。人体的碘80%~90%来源于食物，备孕女性孕前每天需要补碘150微克。

备孕女性可根据自身情况参考表1-3所示，摄取相应的食物。

▶ 海带等食物富含碘元素，缺碘的备孕女性要适当多吃。

表1-3 备孕女性所需营养素的主要食物来源

营养素	食物来源
蛋白质	牛奶、鸡蛋、瘦肉、豆制品
铁	瘦肉、猪肝、鸡蛋、海带、绿色蔬菜（芹菜、油菜、苋菜等）、干杏、樱桃
钙	奶制品、鱼虾类、海带、黑木耳
硒	未经精加工的谷类、海产品、肉类、动物肝肾
锌	香蕉、坚果、圆白菜
碘	海虾、海鱼、海带、紫菜
维生素A	动物肝脏、乳制品、蛋黄、菠菜、胡萝卜、番茄、鱼肝油
维生素E	坚果、麦芽、菜籽油、玉米油、葵花子
维生素K	动物肝脏、圆白菜、菠菜
维生素B$_{12}$	动物肝脏、肉、蛋、牡蛎、牛奶
维生素B$_1$	全麦食品、豆类、绿色蔬菜、酵母、坚果
维生素B$_2$	动物肝脏、全麦食品、绿色蔬菜、海产品、牛奶、蛋
维生素B$_6$	动物肝脏、全麦食品、酵母、麦芽、蘑菇、土豆
维生素C	绿叶蔬菜、柑橘、草莓、甜椒、番茄、土豆
叶酸	新鲜蔬菜、大多数水果、动物肝肾、牛肉

四、备孕男性，一起为幸"孕"加油

对于备孕，不光是女性要做好充分的孕前准备，男性也要在孕前将身体调整到最佳状态，这是因为男性精子的质量也会直接影响到胎宝宝的"质量"。若男性的饮食不科学，便难以"生产"出优质的精子，从而也无法孕育出"优质"的胎宝宝来。

1.精子的强壮需要恰当的营养做助力

我们知道，精子自睾丸"工厂"生产后，需经过输精管、射精管和尿道，然后进入女方的阴道、子宫和输卵管，最后才能完成与卵子"相会"的生育使命。而在男性生殖系统中，精囊腺、前列腺和尿道球腺等各自会分泌不少液体，它们联合构成精液浆。精液浆担负着输送数以亿计的精子去女性阴道的"保驾"任务。精液浆为精子"保驾"的功能体现在：

◎ 精液浆是输送精子所必需的媒介物质，精子仿佛是鱼，精液浆宛如流水，鱼儿离不开水，精子的活动必须由精液浆作为媒介。

◎ 精子的活动必须有足够的能量，精液浆肩负着为精子提供活动能量的重任。

◎ 精液浆里含有丰富的维持精子生命所必需的营养物质，是精子取之不尽的"粮仓"。精液浆的主要成分是水，约占总量的90%以上，使精液浆呈液态并能流动，便于输送精子。精液浆里还含有果糖、山梨醇、白蛋白、胆固醇、钠、锌、钙、钾、维生素以及多种多样的酶类物质，既为精子提供

▲ 怀上最棒一胎，备孕男性也要在妻子怀孕前恰当补充营养。

营养与能量，又可激发精子的活跃性。所以，备孕男性要在妻子怀孕前多补充恰当营养素，增添精液浆的营养储备，以培养出强壮的精子。

2.备孕男性最需要补充的营养素

备孕男性最应关注的就是如何提高精子的质量。精子质量是繁殖后代的重要保证，是决定备孕男性生育能力的关键。目前，很多家庭因为备孕男性的精子数量太少或者精子质量不佳而导致不孕不育。那么，在备孕期间，备孕男性要吃些什么才能提高精子质量，增加受孕概率呢？

● 微量元素：影响男性精液质量

微量元素对备孕男性的内分泌和生殖功能都有十分重要的影响，可以直接影响到备孕男性的精液质量。

锰：锰的缺乏会引起睾丸组织结构上的变化，导致生精细胞排列紊乱、精子细胞的结构发生异常，体内严重缺锰可导致男性不育症。富含锰的食物有核桃、麦芽、糙米、米糠、花生、土豆、大豆粉、小麦粉、动物肝脏等。另外，被称为"聚锰植物"的茶叶，其锰含量最高，对一些备孕男性来说，通过饮茶提取的锰可占每天锰摄入量的10%以上，但也应该注意的是，备孕男性在备孕期间饮茶应适当，尤其不要过多饮浓茶。

锌：锌在人体中含量约为1.5克，男性主要集中分布于睾丸和前列腺等组织中。缺锌会导致备孕男性精子数量和质量降低，性欲低下，甚至可导致不育。即使备孕男性的精子有授精能力，但受孕成功后孕妈妈的流产概率也会比较高，而且胎儿致畸率也较高。精子数量少的备孕男性，可以先做体内含锌量检查，正常男性精液中的锌含量必须保持在15~30毫克/100毫升的健康标准。如果低于这个标准，就意味着缺锌或失锌。

如果是由于缺锌所导致的精子数量减少，备孕男性应该在孕前多吃含锌量高的食物。含锌量高的食物有牡蛎、牛肉、鸡肉、鸡肝、花生米、猪肉等。一般来说，

▲ 花生、大豆粉等食物内富含锰元素。

▲ 南瓜、大白菜等食物富含硒元素，备孕男性可在备孕时期适当多吃。

每天吃动物性食物120克，即可满足身体内锌的需求量。如果严重缺锌，备孕男性最好在医生的指导下口服醋酸锌50毫克，直到身体内的锌含量恢复至正常水平。

硒：备孕男性体内缺乏硒，会导致睾丸发育和功能受损，性欲减退，精液质量差，影响生育质量，因此备孕男性在孕前要注意补硒。自然界中含硒食物是非常多的，含量较高的有鱼类、虾类等水产品，其次为动物的心、肾、肝。蔬菜中含硒量最高的为大蒜、蘑菇，其次为豌豆、大白菜、南瓜、萝卜、韭菜、洋葱、番茄、莴笋等。备孕男性可以在孕前多吃这些补硒的食物。

铜：备孕男性缺铜会导致精子浓度下降，降低精子穿透宫颈黏液的能力，影响精子的存活率和活动度。含铜量高的食物有麸皮、芝麻酱、大白菜、菠菜、扁豆、油菜、芹菜、土豆等。

● 精氨酸：精子形成的必要成分

精氨酸是男性精子形成的必要成分，而且能够增强精子的活动能力，对于维持男性生殖系统功能具有十分重要的作用。精子数量少的备孕男性多吃富含精氨酸的食物，可以促进精子数量的增加。蛋白质中所含的精氨酸被认为是制造精子的原料，因此，备孕男性可以在孕

前多吃一些高蛋白食物，如鸡蛋、黄豆、牛奶、瘦肉等，以提高精子数量和质量。海产品如海参、墨鱼、鳝鱼、章鱼、木松鱼，以及花生、芝麻、核桃、冻豆腐等食物中，也含有较多的精氨酸。

● 叶酸：降低精子染色体异常的概率

叶酸是备孕女性在孕前必补的营养素，同样，备孕男性在孕前也要补充叶酸。备孕男性在孕前增加叶酸的摄入量，能够有效降低出现染色体异常精子的概率，并

▲ 生菜、西蓝花等富含叶酸，备孕男性可通过食补的方式来补充叶酸。

能降低宝宝长大后患癌症的危险系数。由于精子的形成周期长达3个月，因此，备孕夫妻要想生出优质宝宝，就要提前补充叶酸。那么，备孕男性要如何补充叶酸呢？是否要像备孕女性那样服用叶酸片呢？在这里要告诉备孕夫妻的是，备孕男性无须服用叶酸片，只需要在日常饮食中注意多吃一些富含叶酸的食物，如红苋菜、菠菜、生菜、芦笋、小白菜、西蓝花、圆白菜以及豆类、动物肝脏、坚果、牛奶等即可。

● 维生素E：增强男性精子的活力

维生素E又被称为生育酚，是一种脂溶性维生素。维生素E能促进性激素分泌，增强男性精子的活力，提高精子的数量。备孕男性体内缺乏维生素E会伤害睾丸，因此，备孕男性一定要注意在孕前补充维生素E。富含维生素E的食物有猕猴桃、瘦肉、蛋类、奶类、坚果、大豆、小麦胚芽、甘薯、山药、黄花菜、圆白菜、菜花，以及用芝麻、玉米、橄榄、花生、山茶等原料压榨出来的植物油。

● 维生素A：影响精子的生成

备孕男性如果缺乏维生素A，其精子的生成和活动能力都会受到影响，甚至产生畸形精子，影响生育。一般来说，正常成年男性每日需要供给维生素A2200国际单位。备孕男性可以通过食物来补充维生素A，如动物肝脏、乳制品、蛋黄、菠菜、胡萝卜、番茄、鱼肝油等。不过，在特定的条件下，服用维生素A可能会引起中毒，如肝功能不正常、甲状腺功能低下者。因此，一定要科学摄取维生素A。

▲ 乳制品、番茄等富含维生素A。

五、孕前饮食指导

一般来说，备孕期间，备孕夫妻只要保持规律的饮食习惯，饮食多样化，就基本能保证身体的需要。不过，若能有意识地调整饮食习惯，多摄入有利于怀孕的食物，会更有利于优生优育。

1.多吃健康食品

最佳蔬菜： 甘薯中含有丰富的维生素，并能有效抗癌，堪称所有蔬菜之首；其次是圆白菜、西蓝花、芦笋、芹菜、胡萝卜、甜菜、金针菇、大白菜等。

最佳水果： 草莓、猕猴桃、西瓜、橘子、木瓜、柿子和芒果。

最佳肉食、水产品： 鸡肉、鹅肉、鸭肉、新鲜鱼虾。

最佳食用油： 橄榄油、芝麻油、花生油、玉米油、米糠油等，在食用过程中，植物油与动物油的比例以2:1为宜。

最佳汤品： 在汤类食物中，鸡汤最佳，尤其是母鸡汤，可以有效预防感冒、支气管炎。

▲ 备孕期间，不妨为自己选择健康的食物吧。

最佳护脑食物： 核桃、开心果、花生、腰果、松子、杏仁、大豆等食物以及南瓜、韭菜、菠菜、葱、西蓝花、豌豆、胡萝卜、番茄、蒜苗、芹菜、小青菜等蔬菜。

2.多吃黄色食物

激素和女性健康有着十分密切的关系，备孕女性想要顺利怀上小宝宝，体内不可缺少激素。另外，激素还会让女性更年轻。据研究，体内激素水平高的女性，看上去要比那些水平低的同龄女性年轻得多。

在所有的激素当中，对备孕女性影响最大的就是女性激素——卵巢分泌的雌激素和孕激素，它们是备孕女性孕育新生命和维持自身健康的一种重要激素。备孕女性可根据表1-4来估评自己体内是否缺乏激素。

若缺乏激素，备孕女性可以通过健脾补肾来改善由此导致的不适。根据中医理论，人体有肝、肾、心、脾、肺五脏，其中肝、肾、脾和女性激素分泌有着最为密切的关系。在激素分泌失调时，肝脏对身体起着重要的支撑作用；而肾脏则具有调节激素分泌平衡的作用，当体内出现一些不适症状时，肾脏会首先做出反应。而肝脏和肾脏能够正常运作，关键在于脾。

表1-4　女性缺乏激素的表现

皮肤衰老	皮肤粗糙、松弛，毛孔粗大，面部长有色斑
失眠头疼	失眠、多梦、疲倦、头疼
烦躁胸闷	心慌气短，情绪易激动，很难控制自我情绪
月经不调	月经不是提前就是推后，且经期过长

▲ 若服用避孕药后缺乏钙及维生素，备孕期间一定要想办法补回来。

黄色食物可以健脾，增强人体肠胃功能，能有效帮助备孕女性恢复精力，补充元气，进而缓解备孕女性激素分泌不足的症状。建议备孕女性在孕前多吃黄色、带有自然甜味的食物，如南瓜、柠檬、柿子、香蕉、玉米、橘子等，改善脾胃功能，以有效促进备孕女性激素的分泌。

3.停服避孕药后应补充钙及维生素

女性长期服用避孕药会导致身体内钙及某些维生素的缺乏，因此，备孕女性在停服避孕药后一定要注意补充钙及维生素。

钙：避孕药会降低备孕女性的骨密度，易引起骨质疏松，因此长期服用避孕药的备孕女性不论是在服药期间还是在停药后都应该注意补钙。研究人员建议，服用避孕药的女性每天至少要摄入1000毫克钙。备孕女性可以多食用山核桃、杏仁、松子等高钙食物，也可多食用豆制品、花生以及葵花子等，以加强钙质的补充。长期服用避孕药的备孕女性可多喝牛奶，每100克牛奶中含有105毫克钙，每天喝500毫升牛奶再加上食用其他含钙食物，基本上可以满足备孕妈妈对钙质的需求。

B族维生素：备孕女性在停服避孕药而为孕育宝宝做准备时，体内容易缺乏叶酸、维生素B$_6$，引发口角炎、角膜炎、腹泻、脂溢性皮炎和巨红细胞贫血及白细胞生成减少等病症。建议备孕女性一定要及时进行自我检视，并适当补充B族维生素。

维生素C：备孕女性长期服用避孕药最易导致维生素C的缺乏，这会影响到人体对铁质的吸收，还会影响到骨骼的正常钙化，出现抵抗力低下、伤口愈合不良等症状。

4.多吃排毒食物

备孕夫妻每天都会通过呼吸、皮肤接触和饮食等方式从周围环境中吸收"毒素"，时间长了毒素便会在体内堆积，对身体健康造成极大危害。对于备孕女性来说，这种危害更加明显，甚至有可能会影响备孕女性正常的生育。这就要求备孕夫妻在孕前要将体内的"毒素"尽量排出。下面就向大家推荐有助于排出体内毒素的食物：

◎ 豆芽中含有多种维生素，可以将体内的致畸物质清除掉，促进性激素的生成。

◎ 紫菜、海带、裙带菜等海藻类食物中所含有的胶质可以促使体内的放射性物质随着大便排出，能够减少放射性疾病的发生概率。

▲ 新鲜果蔬含有生物活性物质，有助排毒防病。

◎ 鸡、鸭、鹅、猪等动物血液中含有丰富的血红蛋白，这些血红蛋白被人体内的胃液分解之后，可以和侵入人体的烟尘和重金属发生反应，提高淋巴细胞的吞噬功能，不但能够排出体内毒素，还能够有效补血。

◎ 黑木耳具有较强的排毒能力，其中所含的胶质可以将残留在消化系统中的杂质和灰尘排出体外，起到清肠的作用。备孕夫妻每周应吃1~2次黑木耳，但应该注意的是，有出血性疾病、腹泻的人应少食或不食。

◎ 韭菜中含有丰富的纤维素、挥发油等物质，粗纤维可以帮助平时吸烟喝酒的备孕夫妻将体内的毒素排出。

◎ 新鲜果蔬中含有生物活性物质，可以阻断亚硝酸胺对人体的危害，并能改变人体血液的酸碱度，从而有利于备孕夫妻排毒防病。

5.备孕女性能吃的零食

大多数女性喜欢吃零食，不过备孕期间最好不要随便吃零食，薯片、炸鸡、油炸里脊串等垃圾食品自然是要放弃的，不过一些健康的零食还是可以吃的。

新鲜果蔬：备孕女性在进餐前1小时左右，吃1个苹果、半个橙子或番茄，能够调理肠胃，有效促进食物的消化，让你精力充沛，整天都有好心情。

海苔：海苔中含有丰富的矿物质和维生素，含碘量尤其高，备孕女性在孕前和孕期经常食用，可以补碘，而且海苔几乎不含什么脂肪，非常适合备孕女性吃。

即食麦片：麦片营养丰富，含有高纤维、维生素和矿物质，备孕女性吃一些即食麦片，可以有效补充营养，也可以加入脱脂牛奶一起食用。

红枣：红枣被称为"活维生素丸"，其中含有丰富的维生素C和矿物质，能够补血补气，可以让备孕女性吃出好气色。

核桃、花生、开心果、杏仁等坚果：备孕女性适量食用核桃、花生、开心果，可以保证大脑的血流量，让备孕女性一整天都容光焕发。杏仁富含维生素A，可以为备孕女性和宝宝带来健康的肌肤、眼睛和骨骼。但在吃的过程中，每次只选其中一种，切忌吃得太多，核桃以3个为宜，杏仁、花生与开心果10~15粒即可。

魔芋果冻：魔芋果冻热量很低，且含有丰富的膳食纤维，能够有效促进备孕女性排毒通便。

豆腐干：备孕女性每天可以吃两三片真空独立包装的豆腐干，能够补充全天所需钙量的40%。

牛肉干、酱牛肉：牛肉是高蛋白、低脂肪食物，因此在饥饿时，备孕女性可以选择吃2~3块牛肉干或酱牛肉。

麦片小饼干：麦片制成的小饼干富含碳水化合物和纤维素，独有的甜甜的味道，可为备孕女性补充能量。

6.多摄入助孕食物

饮食也可以帮助受孕。猪腰、黄鳝、鱼、虾、豆类及其制品、瘦肉、鹌鹑肉、蛋类等食物不仅富含优质蛋白质，还含有较多的精氨酸，有益备孕。绿叶蔬菜、番茄、新鲜水果以及动物肝肾、芝麻、花生、蛋类等食物中富含多种维生素，对蛋白质合成、代谢等有直接作用，有利于生殖健康。黑木耳、菠菜等养血的食物，虾皮、芝麻酱、紫菜、海带、骨头汤等补钙的食物，以及绿叶蔬菜、坚果等补锌的食物也都有助于健康受孕。

7.外食工作餐也要吃出健康

大多数备孕女性在计划要宝宝以后还要去上班，而备孕期工作餐究竟怎么吃，就成了她们头疼的问题。下面给备孕女性几个选择工作餐的小妙招，让她们能够吃出营养，吃出健康。

◎ 备孕女性在外面选购工作餐时，建议选择菜色种类较多的自助餐，能够均衡摄取各类营养。

◎ 备孕女性在外出用餐时，一定要抵挡住油炸食物的诱惑，选择清蒸、水煮、清炖等食物。因为备孕女性长期食用油炸食物，容易发胖，对受孕和怀孕都会产生不利影响。

◎ 备孕女性在外就餐时应该多选择蔬菜类食物，尤其在吃面食的时候，最好再多点一份青菜，饭后再吃些水果。另外，也可用高纤食物来做替换，如以全麦制成的富含碳水化合物和丰富膳食纤维的食品。

◎ 吃太多盐和糖对备孕女性的健康和受孕都极为不利。建议备孕女性在挑选食物时，尽量选择口味清淡的食物。

8.自带午餐更健康

一些备孕女性担心外出就餐不够营养和卫生，如担心饭馆做菜会使用地沟油，所用食材不新鲜……她们更愿意自带午餐。可是，备孕女性自带午餐也是有讲究的。

● 饭盒中应装的食物

备孕女性的饭盒中首先应该装的是米饭，可以为你提供身体所需的能量。其次是各种非绿叶蔬菜，如丝瓜、莲藕、萝卜等。再次是各种豆制品，如豆腐、豆干等，可以为备孕女性提供身体所需的优质植物蛋白。最后则是含脂肪少的肉类，如鸡肉、牛肉等。

● 饭盒中忌装的食物

备孕女性自带的盒饭中最好不要有以下食物：

◎ 隔夜的绿色蔬菜。绿叶蔬菜中含有不同量的硝酸盐，烹饪过后放的时间过长，蔬菜便会发黄、变味，硝酸盐还会被细菌还原为有毒的亚硝酸盐，食用后让人出现不同程度的中毒症状。

◎ 放置时间过长的鱼和海鲜。鱼和海鲜烹饪过后放的时间过长，其中所含的营养流失得比较严重，气温高的话还容易腐烂变质。

◎ 油脂含量高的食物。糖醋排骨、回锅肉、炒饭、肉饼等食物中含有较高的糖分和油脂，备孕女性长期食用容易发胖。

六、孕前饮食红灯：为幸"孕"扫除营养障碍

宝宝的健康状况与受孕时父母的身体健康状况有着密切的关系，宝宝的先天体质往往从成为受精卵那一刻就已经决定了。由此可见，备孕夫妻的饮食营养是多么重要啊！

一旦计划要个宝宝，备孕夫妻就要开始慢慢地学会调整不良的饮食习惯，吃对食物，为优生优育打下坚实的基础。

1.忌：喝水太随意

女性天生与水有关，曹雪芹在《红楼梦》中就借贾宝玉之口说"女性是水做的骨肉"。这话一点儿也不错，女性如水——两弯清澈的美眸，一颗玲珑水样的

▲ 备孕女性清晨起来后应空腹喝1杯白开水，有助加速血液循环。

心，还有那最令人迷恋的恰似水般的温柔；水亦养女性——没有水，女性的肌肤就会干燥无光、容易老化、毛孔粗大……有时候，就连心情都会变得很差。

对于准备怀孕的女性而言，喝水就变得更加重要了。但是，喝水虽重要且必要，却也要讲究方法。现在让我们一起来看看备孕女性的喝水之道吧！

● 早晨喝杯白开水

研究显示，经常喝白开水，可以让身体得到"内洗涤"。建议备孕女性早晨起床后空腹喝1杯白开水，这样水很快就会被胃肠道吸收进入血液内，使血液得到稀释，从而加速血液循环。另外，早晨空腹喝杯白开水，还可以促进肠胃分泌足够的消化液，刺激人体肠胃蠕动，可以有效防止便秘。

● 切忌口渴才喝水

有些备孕女性为了少上厕所，经常是感到口渴时才喝水。殊不知，当备孕女性感到口渴时，其体内水分已经失衡，长期如此，对身体健康极为不利。建议备孕女性应每隔2小时喝1杯200毫升的水，每天保证喝足8杯水。

● 这些水不要喝

备孕女性还应知道哪些水不能喝，这样可以让身体更健康。

一般来说，保温杯沏的茶水、尚未完全煮沸的水、久沸或反复煮沸的水尽量不要喝。因为这些水会对人体产生一定的危害，如保温杯沏的茶水中的维生素会被大量破坏、有害物质增多，饮用后会导致人体消化系统和神经系统功能紊乱。

▲ 备孕女性喝水要有所选择，如尚未煮沸的水等不能喝。

2.忌：只吃素食

为了美丽，很多备孕女性仍然坚持每天吃素，这种做法很不科学，因为吃素食会影响女性的受孕能力。研究发现，女性食素会导致激素分泌失常、月经周期紊乱，久而久之，会造成女性婚后不孕。因此，如果备孕女性想要成功受孕，就从现在起改掉吃素的习惯，吃一些鱼、肉吧。记住，千万不要为了一时的美丽而失去做妈妈的机会。

但是，有的备孕女性看到肉类食物就难以下咽，那么，该如何保证每天蛋白质的摄入量呢？别担心，不爱吃肉的备孕女性可以通过以下途径来增加蛋白质的摄入量：

◎ 多吃海产品，如海带、紫菜、海参、鱼、虾等。

◎ 多食用豆制品，如豆腐、豆浆等。

◎ 多摄取奶制品，可每天喝3杯牛奶，或每日

▲ 备孕女性若只吃素食，会影响受孕能力。

饮用250毫升牛奶、1杯酸奶，或是每天吃2～3块奶酪。

◎ 多吃鸡蛋、坚果、全麦面包等。

◎ 适当进食花生油、核桃油、橄榄油、玉米油、葵花子油等。

▲ 肉食含高蛋白，摄取过量会降低备孕女性怀孕的概率。

3.忌："做肉食动物"

上一节讲了备孕女性要放弃食素的习惯，吃些鱼、肉，以补充蛋白质的摄入量，但这并不表示备孕女性就可以毫不节制地食用大鱼大肉，大肆进补高蛋白食品。

备孕女性在孕前进补高蛋白食物一定要适度。研究发现，饮食中蛋白质含量过高同样会降低备孕女性怀孕的概率，因此，蛋白质的摄入量应控制在合理的范围内。备孕女性每日蛋白质的摄入量以不超过总能量的20%为宜。

一旦发现体内蛋白质超标，就要减少肉、奶、豆、蛋等高蛋白食物的摄入量，尤其要控制肉类的摄入量，因为肉类中蛋白质含量最高。

4.忌：饮用咖啡、可乐、浓茶

《蒂凡尼的早餐》一片中，奥黛丽·赫本扮演的女郎坐在窗边一边喝着咖啡，一边望着窗外的风和云，眼神中透着永恒的期待……这样的美丽与淡然令全天下的女性羡慕，又让全天下的男性为之倾倒，有些人甚至因此迷恋上了咖啡，迷恋上那种"苦中作乐"的滋味。

在这里要告诉备孕夫妻的是，一旦决定要宝宝，就要放弃这些"看上去很美""喝起来很酷"的饮品了。

● 咖啡：降低女性受孕概率

咖啡中含有大量的咖啡因，可使备孕女性体内的雌激素水平下降，从而影响卵巢的排卵功能，降低备孕女性受孕的概率。调查显示，平均每天喝咖啡超过3杯的女性，其受孕概率要比不喝咖啡的女性低27%；每天喝2杯咖啡的女性，其受孕概率比不喝咖啡的女性低10%左右。

因此，建议备孕女性停止饮用咖啡和其他含咖啡因的饮品，并避免吃含有咖啡因的食物。一般来说，备孕女性每日的咖啡因摄入量最好不要超过60毫克（1块30克的巧克力中含有25毫克咖啡因，1杯150毫升的咖啡中含咖啡因60~140毫克）。

▲ 备孕女性要避免吃含有咖啡因的食品。

● **可乐：阻挠成功受孕的精子杀手**

　　研究显示，可乐能杀死精子，长期饮用大量可乐的男性，其生育能力会受到影响。而对于备孕女性而言，可乐会让备孕女性脱钙。如果女性每天喝1大杯可乐，那么，无论她怎么补钙都不会起作用。因此，建议计划要宝宝的备孕夫妻在孕前尽量不要喝可乐。

● **浓茶：宜少不宜多**

　　研究显示，育龄女性每天喝半杯茶有利于受孕。但茶叶中含有2%~5%的咖啡因，每日喝5杯浓茶，就相当于服用30~35毫克咖啡因，而咖啡因会降低备孕女性受孕的概率。因此，建议备孕女性在孕前控制饮茶量和饮茶的浓度，每天以不超过5杯为宜，而且要避免喝浓茶。

▲ 浓茶含有咖啡因，备孕女性应少喝。

▲ 早餐是体力补充的最佳来源，不吃早餐有损健康。

5.忌：不吃早餐

身处职场的备孕夫妻有时候因为要早起赶车，来不及吃早餐。专家认为，早餐是体力补充的最佳来源，能够让备孕夫妻一整天头脑清醒，不易疲倦。因此，备孕夫妻即使再忙，也一定要吃早餐。

在早餐食物的搭配上，备孕夫妻要坚持营养第一的原则。下面，为备孕夫妻推荐一周的早餐食谱。（参见表1-5）

表1-5 1周早餐计划表

时间	早餐
星期一	1杯牛奶、1个蛋饼、1根香蕉
星期二	1杯牛奶、1个三明治面包、1个煎饼、1个橘子
星期三	1杯牛奶、1个肉包子、1个苹果
星期四	1杯酸奶、1碗八宝粥、1个鸡蛋、1个菜包、1个橘子
星期五	1杯牛奶、1碗大米粥、1个鸡蛋、1根香蕉
星期六	1碗牛奶麦片、1个花卷、1片火腿、1个梨
星期日	1杯酸奶、1碗八宝粥、1个肉包子、1片全麦面包、1个苹果

6.忌：过度进补

孕前适当进补有利于受孕，但有些备孕夫妻担心营养供给不足，便大量吃一些如人参蜂王浆、鹿茸、鹿角胶、胡桃肉、胎盘、洋参丸、蜂乳、复合维生素和鱼肝油丸等补品，希望能让自己的身体变得更好，更有利于受孕，但往往过度进补反而会给身体造成负担。

▲ 备孕时虽然要进补，但也要防止进补过度。

● **过度进补，影响受孕**

要提醒备孕夫妻的是，孕前过度进补，有时不但不能提高受孕率，反而会影响受孕，造成事与愿违的后果。比如，有的备孕女性在备孕期间大吃特吃，将老母鸡汤这类高蛋白食物当作家常便饭，结果进补过头没控制好体重和脂肪，反而成了日后怀孕与生产的负担。

此外，还有一些备孕夫妻在孕前滥用补药。殊不知，任何药物——包括各种滋补品，都要在人体内分解、代谢，并有一定的毒副作用，包括毒性作用和过敏反应，可以说，没有一种药物对人体是绝对安全的。如果使用不当，即使是滋补性药品，也会对人体产生不良影响，给备孕夫妻以及未来的宝宝带来损害。比如蜂王浆、洋参丸和蜂乳等，大量服用后都有可能引起中毒或导致其他不良后果；鱼肝油若大量服用，会造成维生素A、维生素D过量而引起中毒。

● **进补也要有度**

那么，在进补的过程中，备孕夫妻要如何把握好度呢？其实，备孕夫妻在备孕期间只需要像正常人一样吃，别挑食，在主食中加入五谷杂粮，多吃新鲜果蔬，辅以高蛋白食物，保持营养均衡，遵守这个原则适度进补，则能够满足其孕期的营养需求了。在备孕过程中，如果备孕夫妻真的想要服用一些营养补充品，可以在医院检查之后，根据医生的建议有针对性地服用，切忌自己滥用补药。

7.忌：食用不利于受孕的食物

准备怀孕后，就不能像过去那样爱吃什么就吃什么了。有些食物虽然美味，却会影响精子和卵子的质量，为日后的孕育带来危害。为此，备孕夫妻在孕前就要管

▲ 在主食中加入五谷杂粮，多吃新鲜果蔬，辅以高蛋白食物，保持营养均衡。

好自己的嘴巴，对以下食物勇敢说"不"！

● 烤牛羊肉

许多年轻女性喜欢吃烤牛羊肉串或其他肉串，在孕前，备孕女性要避免吃这些烤串。调查研究显示，孕前爱吃烤牛羊肉的女性所生下的孩子畸形、瘫痪或弱智的概率比不吃烤串的女性高，而弓形虫感染也是导致胎宝宝畸形的主要原因。

牛羊肉不容易烤熟，牛羊肉中的弓形虫会进入女性体内，进而感染胎宝宝。被感染的备孕女性可能当时没有什么症状，但却会在孕妈妈不知不觉中引发胎宝宝畸形。在孕前吃过多烤牛羊肉的备孕女性，应在孕前去医院进行弓形虫抗体检查，并根据医生的建议做好防治。

● 棉籽油

研究发现，有些女性长期不孕或孕后出现死胎是由于长期食用棉籽油所引起的。棉籽油中含有大量棉酚，孕前长期食用棉籽油，会使子宫内膜及内膜腺体逐渐萎缩，导致子宫变小，子宫内膜血液循环量逐年下降，对孕卵着床十分不利。有时候即使孕卵已经着床，也会因营养物质缺乏而使已植入子宫内膜的胚胎或胎宝宝难以继续生长发育，导致出现死胎的现象。因此，建议备孕女性在孕前禁食棉籽油。

● 辛辣食物

很多女性都是"重口味"，喜欢吃辛辣食物，有的甚至是无辣不欢，这种嗜好在平时或许无伤大雅，但对于计划要宝宝的备孕女性来说，就不是一件好事了。

为什么这么说呢？这是因为辛辣食物，如黑胡椒、红干椒、花椒等调味品具有很大的刺激性，经常吃会引

▲ 嗜辣的备孕女性可用新鲜辣椒代替红干椒、花椒等调味品。

起人体的消化功能紊乱，如胃部不适、便秘，甚至引发痔疮。

而在女性怀孕后，随着胎宝宝一天天长大，孕妈妈的消化功能和排便会随之受到影响。如果孕妈妈始终保持着喜食辛辣食物的习惯，就会导致便秘加重，甚至还会引发消化不良、痔疮等症状。同时，长期食用辛辣食物，还会影响孕妈妈对胎宝宝的营养供给，增加分娩的难度。

因此，为了宝宝的顺利诞生，建议备孕女性在孕前3~6个月就停止吃辛辣食物，多吃一些清淡有营养的食物，为优生优育打下良好基础。

● 高盐食物

研究显示，食盐摄入量越多，原发性高血压的发病率也越高。备孕女性孕前若摄入过多盐分，则易引发妊娠高血压综合征，导致在孕期出现头晕、眼花、胸闷等症状，严重的话还会发生子痫而危害母婴健康。建议喜欢吃高盐食物的备孕女性在孕前就开始少吃此类食物。

● 高糖食物

怀孕前，备孕夫妻双方，尤其是备孕女性如果经常食用高糖食物，会引起糖代谢紊乱，严重者还会成为潜在的糖尿病患者。孕期糖尿病不仅会危及孕妈妈本人的身体健康，还会危及胎宝宝的健康发育和成长，严重的话，甚至会出现早产、流产或死胎等。

在宝宝出生后，这种危害依然存在，妈妈会成为典型的糖尿病患者，而宝宝则有可能是大脑发育障碍患儿或是巨大儿，这对宝宝和妈妈来说都是一生的伤害。

因此，为了宝宝的健康，建议那些喜欢吃甜食的女性在孕前暂且放弃自己的这一喜好，远离高糖食物，如葡萄糖、淀粉、巧克力、甜奶油等。

● 腌制类食品

咸肉、火腿、香肠、腌鱼、咸菜以及各种熏烤食品很是诱人，但这类食品在制作过程中会产生强烈的致癌物质——苯并芘，这种物质进入胃以后，在酸性环境中会进一步形成亚硝胺，这两种物质都会使精子和卵子中

▲ 油炸食物虽然美味，但毫无营养，备孕女性应放弃这类食物。

的遗传物质DNA发生畸变，导致形成的受精卵畸形。因此，准备要宝宝的备孕夫妻应尽量少吃或不吃腌制类食品。

● 生吃水产品

备孕夫妻应避免吃生鱼片、生蚝等水产品，因为这些水产品中的细菌和有害微生物易导致流产或死胎，而微生物在人体内存活的时间很长，因此，备孕夫妻在备孕前半年就应停止生吃水产品。

● 油炸食物

油炸食物色泽金黄，香脆可口，十分美味，很多备孕女性都喜欢吃。在这里，要提醒备孕女性，为了优生优育，一定要拒绝油炸食物。

▲ 咸菜等腌制类食物在备孕期间要禁吃。

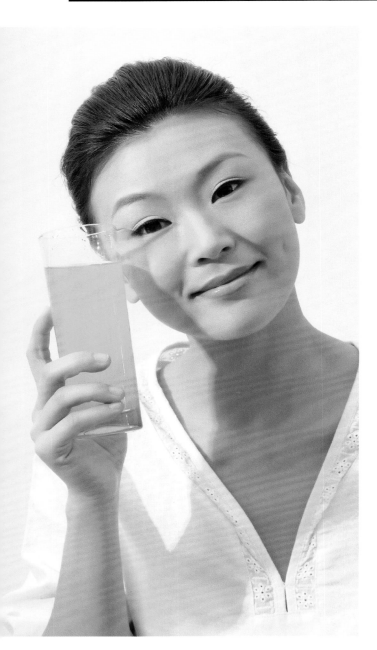

大部分油炸食物都经过高温油炸加工而成，食用油在高温下会产生有毒物质。备孕女性如果经常食用，会对自身以及未来的宝宝造成不良影响，严重的还会导致胎宝宝畸形。

另外，经过高温油炸的食物，其维生素都已经被破坏，营养价值大打折扣。因此，备孕女性在孕前还是放弃这些"看上去很美"的油炸食物吧！

8.忌：食用遭受污染的食物

食物从其原料生产、加工、包装、运输、储存、销售直至食用前的整个过程，都有可能不同程度地受到农药、金属、真菌、毒素以及放射性核素等有害物质的污染，从而对人类及其后代的健康产生严重危害。因此，备孕夫妻在日常生活中尤其要重视饮食卫生，防止食物污染。具体来说，需要注意以下几点：

◎ 应尽量食用新鲜天然食品，避免食用含食品添加剂、色素、防腐剂的食品。

◎ 蔬菜应充分清洗干净，必要时可以在水中浸泡几分钟；水果应去皮后再食用，以避免农药污染。

◎ 尽量饮用白开水，避免饮用咖啡、可乐、果汁等饮品。

◎ 家庭炊具应尽量使用铁锅或不锈钢炊具，避免使用铝制品及彩色搪瓷制品，以防止铝元素、铅元素对人体的伤害。

◀ 为避免摄入受到污染的食物，备孕夫妻最好食用新鲜自制的食物，如用榨汁机自制果汁，而非饮用市售果汁饮品。

七、孕前推荐食谱

孕前的饮食调理，最重要的是做到膳食平衡，从而保证摄入均衡适量的蛋白质、脂肪、碳水化合物、维生素、矿物质等营养素，这些营养素是胎宝宝生长发育的物质基础。孕前每日食物摄取量可参考表1-6。

表1-6 孕前每日食物摄取量参考表

食物类别	食物摄入量
主食	250~400克
肉类	150~200克
鸡蛋	1~2个
牛奶	500毫升
蔬菜	300~500克
水果	200~400克
豆制品	50~100克
坚果类	20~50克
植物油	25~30克

说明

营养学家把食物分成五大类，每一类食物都应保证供给充足。

◎ 谷类：包括米、面、杂粮。主要提供碳水化合物、蛋白质、膳食纤维及B族维生素，它们是膳食中能量的主要来源。根据体力消耗的不同，每人每天要吃250~400克。

◎ 蔬果类：主要提供膳食纤维、矿物质、维生素和胡萝卜素。蔬菜和水果各有特点，不能完全相互替代。一般来说红、绿、黄等颜色较深的蔬菜和深黄色水果营养素含量比较丰富，应多食用。备孕女性每天应吃蔬菜300~500克，水果200~400克。

◎ 鱼、虾、肉类、蛋类：肉类包括畜肉、禽肉及内脏，同鱼、虾、蛋一起，主要提供优质蛋白质、脂肪、矿物质、维生素A和B族维生素。它们彼此间营养素含量有所区别，备孕女性每天应吃150~250克。

◎ 奶类和豆类食物：奶类除含丰富的优质蛋白质和维生素外，含钙量也较高，且利用率也高，是天然钙元素的极好来源。豆类含丰富的优质蛋白质、不饱和脂肪酸、钙及维生素B_1、维生素B_2等。备孕女性每天应饮鲜奶500毫升，吃豆类及豆制品50~100克。

◎ 油脂类：包括植物油等，主要提供能量，还可提供维生素E和人体必需脂肪酸，备孕女性每天应摄入25~30克。

这五类食物不能互相替代，每日膳食中都应摄入，并轮流选用同一类中的各种食物，使膳食丰富多彩。备孕女性吃的食物品种越多，摄入的营养素就越全面。

蜂蜜鲜萝卜水

材料： 鲜萝卜250克，蜂蜜150克

做法： ❶ 鲜萝卜洗净、切丁，放入沸水煮沸后捞出，滤干水分，晾晒半日。

❷ 将晒干的萝卜洗净放入锅内，加入蜂蜜，用小火煮沸，调匀即可。

> **♥营养解析** 鲜萝卜富含膳食纤维，有促进消化、增强食欲、加快胃肠蠕动和止咳化痰的作用，适用于饮食不消化、腹胀、反胃、呕吐等症。

香菇鸡肉粥

材料： 香菇50克，鸡腿1个，大米75克
调料： 盐适量

做法： ❶ 鸡腿剁成块，香菇用温水泡发。

❷ 将大米放入煲中，加清水适量，水开后稍煮一会儿，再下入香菇、鸡块，煲成粥，用盐调味即可。

> **♥营养解析** 此粥可增加人体抗病能力，有补肝肾、健脾胃的功效。

虾仁豆腐

材料： 虾仁100克，豆腐200克，葱花、姜末各适量
调料： 盐、酱油、料酒、淀粉各适量

做法： ❶ 将虾仁洗净，并用料酒、葱花、姜末、酱油、淀粉等腌好备用；将豆腐洗净，切丁。

❷ 用旺火快炒虾仁，放入豆腐丁，搅炒放入盐调味即可。

> **♥营养解析** 这道虾仁豆腐含有丰富的蛋白质、脂肪、碳水化合物、膳食纤维、维生素A、胡萝卜素、钙、磷和锌等营养素。孕前女性常食不但有益健康，还能补充受孕前所需的各种营养成分。

熘肝尖

材料： 鲜猪肝300克，胡萝卜片、黄瓜片各适量，葱末、姜末、蒜片各少许

调料： 料酒、酱油各15克，白糖7克，醋3克，盐、鸡精各1克，花椒油5克，淀粉适量

做法：
❶ 猪肝切片，加盐、鸡精、料酒、淀粉搅拌匀，下入五成热的油中滑散滑透，倒入漏勺备用。

❷ 取小碗加入料酒、酱油、白糖、鸡精、淀粉兑成芡汁备用。

❸ 炒锅上火烧热，加少许油，用葱末、姜末、蒜片炝锅，烹醋，下入胡萝卜片、黄瓜片煸炒片刻，再下入猪肝片，倒入芡汁，翻炒均匀，淋花椒油，出锅装盘即可。

> **♥ 营养解析** 猪肝含有丰富的铁、磷，是造血不可缺少的原料；还富含蛋白质、卵磷脂、微量元素和丰富的维生素A。常吃猪肝，有补肝明目、养血、排毒的功效。

红烧带鱼

材料： 带鱼400克，水发冬菇100克，葱3段，姜片、蒜瓣各适量

调料： 八角10克，料酒、酱油、醋、盐、白糖各适量

做法：
❶ 将带鱼去头、尾、鳃、鳍和内脏，洗净控干水分后两面剞上斜一字花刀再改成菱形段，冬菇切成片备用。

❷ 锅中油烧至七成热，将带鱼段煎至金黄色捞出，倒出多余的油。

❸ 锅中留少许油，放入八角、葱段、姜片和蒜瓣炸香，淋入少许醋，将带鱼段放入锅中，加入冬菇，放入酱油、白糖、料酒、盐和适量水，用大火烧开，再改用小火烧至带鱼熟、汤汁浓稠即可。

> **♥ 营养解析** 带鱼富含优质蛋白质与不饱和脂肪酸。孕前女性多吃带鱼有滋补强壮、和中开胃及养肝补血的功效。

菠菜鸡蛋汤

材料： 鸡蛋2个，菠菜、黑木耳各10克，胡萝卜25克，葱花适量

调料： 猪油、精盐、料酒、鲜汤、香油各适量

做法： ❶ 将鸡蛋打散，菠菜切小段，胡萝卜、黑木耳切成小片。

❷ 炒锅内加入猪油烧热，倒入蛋液，煎至两面呈金黄色时取出，用刀切片待用。

❸ 原锅里倒入鲜汤，放入胡萝卜片、黑木耳片、鸡蛋片，大火烧约10分钟，至汤色变白时，加入精盐和料酒，调好味，最后撒入菠菜段，烧沸后淋上香油、撒上葱花即可。

♥ 营养解析 这道菜具有补铁补血、健脑的功效，可养血补身。

素炒三鲜

材料： 竹笋250克，芥菜100克，水发香菇50克

调料： 香油、精盐、鸡精各适量

做法： ❶ 将竹笋切成丝，放入沸水锅里烫一烫，入凉水洗净，沥干水分，待用。

❷ 将水发香菇切去老蒂，清水洗净，切成丝，待用。

❸ 将芥菜择去杂质，清水洗净，切成末，待用。

❹ 将炒锅洗净，置于旺火上，起油锅，下入竹笋丝、香菇丝，煸炒几下，加少许清水，大火煮沸后，转用小火焖煮3~5分钟，下入芥菜末、加入精盐和鸡精迅速炒熟，淋上香油即可。

💚 **营养解析** 素炒三鲜是食素者的上佳食谱，内含蛋白质、脂肪、碳水化合物、钙、磷、铁、维生素B_2和烟酸等成分，可以增强食欲。

甘薯糙米饭

材料： 糙米100克，甘薯100克

做法： ❶ 甘薯去皮洗净，切块或丁备用。

❷ 糙米淘洗净，连同甘薯块放入电饭锅或砂锅中，倒入适量水，蒸熟或煲熟后即可食用。

💚 **营养解析** 糙米与甘薯均含丰富膳食纤维及叶酸，备孕女性孕前食用，可帮助补充叶酸，有助缓解便秘。

第二章
孕1月（1~4周）：
生命的种子开始发芽
The First Month of Pregnancy:
The Seed of Life Sprouts

♥ 生命的诞生是优胜劣汰的结果：数以亿计的精子为了和卵子相遇而不顾一切地冲锋陷阵——最终取得胜利的，一定是最强壮、最勇猛的那个。与此同时，卵子也充分吸收养分，逐步发育成熟，最终与精子一起"修成正果"。否则，瘦弱的精子、病恹恹的卵子，就算有幸完成受孕过程，胚胎也会以自然流产的形式来完成自我淘汰。

♥ 在孕1月，强壮的精子和成熟的卵子已经完成了生命的初始化过程——生命的种子开始在孕妈妈的子宫里生根发芽。孕妈妈，你可知道，此时这颗种子最需要什么样的营养吗？

一、孕1月饮食指导

这个月孕妈妈的体重增长并不明显，几乎和怀孕前没有什么变化。孕妈妈在第1个月时，可按照孕前正常的饮食习惯进食，做到营养丰富全面，饮食结构合理；膳食中需含有人体所需要的所有营养物质，包括蛋白质、脂肪、碳水化合物、水、各种维生素和必需的矿物质、膳食纤维等四十多种营养素。

1.孕1月饮食原则

怀孕第1个月的营养素需求与孕前没有太大不同，如果孕前的饮食很规律，现在只要保持就可以了。

孕妈妈进餐时应保持心情愉快，保证就餐时不被干扰。可进食一些点心、饮料（牛奶、酸奶、鲜榨果汁等）、蔬菜和水果，定量用餐，不挑食、偏食，尽量少去外面用餐。

为避免或减少恶心、呕吐等早孕反应，可采用少食多餐的办法，坚持"三餐两点心"的原则。在保证一日三餐正常化的基础上，两餐之间各安排一次加餐。加餐一般占到全天饮食总热量的10%，可食用几颗核桃、花生、瓜子等坚果或是100克水果等。

注意饮食清淡，不要吃油腻和辛辣食物，多吃易于消化、吸收的食物。

每天清晨要空腹喝1杯白开水或矿泉水。

2.适合孕1月食用的食物

对于孕妈妈来说，最重要的就是要保持膳食结构合理，保证营养均衡。在本月，孕妈妈可以有意识地将下列食物列入餐单中。

富含矿物质的食物： 各种矿物质对早期宝宝胚胎器

▲ 温馨的就餐环境有助于孕妈妈增进食欲。

官的形成发育具有重要作用。富含锌、钙、磷、铜的食物有乳类、肉类、蛋类、花生、核桃、海带、黑木耳、芝麻等。

富含维生素的食物： 维生素对保证早期宝宝胚胎器官的形成和发育同样有着重要的作用。孕妈妈要多摄入叶酸、维生素C、B族维生素等。其中叶酸普遍存在于

▲ 黑木耳、芝麻等富含矿物质的食物可被列入1月孕妈妈的饮食餐单中。

上的碳水化合物。如果受孕前后碳水化合物和脂肪摄入不足，孕妈妈就会一直处在饥饿状态，可能导致胎儿大脑发育异常，出生后智商下降。碳水化合物的主要来源为面粉、大米、玉米、甘薯、土豆、山药等粮食作物。

3.多摄入助孕食物

在本月前两周，孕妈妈其实是处于备孕的最后阶段，尚未正式怀孕，所以在前两周，备孕夫妻可以多摄入助孕食物。

◎ 瘦肉、猪腰、鹌鹑肉、黄鳝、鱼、虾、豆类及其制品、蛋类等食物不仅富含优质蛋白质，还含有较多的精氨酸，有益备孕。

◎ 新鲜水果、绿叶蔬菜、番茄以及动物肝肾、芝麻、花生、蛋类等食品中富含多种维生素，对蛋白质合成、代谢等有直接作用，有利于生殖健康。

◎ 黑木耳、菠菜等食物可养血。

◎ 虾皮、紫菜、海带、芝麻酱、骨头汤等能补钙。

4.饮食加强调节

本月的前两周，对于备孕的夫妻来说，是受孕的冲刺时期。为了孕育最佳精子和卵子，提高胎儿的身体素质，此时加强饮食调节更为重要。

对于备孕女性来说，除了继续补充叶酸外，依然要注意饮食的多样化，保持营养均衡。同时，做好忌口，一切不利于怀孕的饮食习惯都要避免，为怀孕做好生理准备。

有叶的蔬菜及柑橘、香蕉、动物肝脏、牛肉中。富含B族维生素的食物有谷类、鱼类、肉类、乳类及坚果等。

富含蛋白质的食物：孕妈妈要保证优质蛋白质的摄入，以保证受精卵的正常发育，可以适当多吃些肉类、鱼类、蛋类、乳制品和豆制品等食物。

摄入适量碳水化合物：孕妈妈每天应摄入150克以

▲ 花生、芝麻等坚果有助于受孕。

对于备孕男性来说，五谷杂粮和花生、芝麻等富含微量元素锌的食物，动物蛋白含量较多的猪肝、瘦肉以及新鲜蔬菜和各种水果，会对精液的生成和优化起到良好的促进作用。

▲ 备孕男性要适当多吃五谷杂粮等富含锌的食物。

5.多吃鱼

女性怀孕后经常吃鱼可以加速胎宝宝的生长，降低新生宝宝体重不足的可能，这是研究人员对1万多名孕妈妈进行追踪调查后得出的结论。

研究人员从孕妈妈怀孕32个星期开始详细记录她们吃鱼的量，结果发现吃鱼越多的女性，生下宝宝体重不足的可能性就越小，而在此期间没有吃鱼的孕妈妈生下的宝宝体重不足的情况为13%。这是因为，鱼肉内含有丰富的不饱和脂肪酸，有助于胎宝宝的体质发育。所以，孕妈妈多吃鱼可以帮助胎宝宝健康成长。

鱼类食物中含有以下营养素：

微量元素：沙丁鱼、鲐鱼、青鱼等深海鱼，可从浮游生物中获得微量元素，储存于脂肪中。

二十碳五烯酸：二十碳五烯酸是对人体有益的脂肪酸，具有多种药理活性，可以抑制促凝血素A_2的产生，使血液黏度下降，使抗凝血脂增加，这些物质都可以起到预防血栓形成的作用。同时，二十碳五烯酸在血管壁能合成前列腺环素，可使螺旋动脉得以扩张，以便将足够的营养物质输送给胎儿，促进胎儿在母体内的发育。

▲ 孕妈妈多吃鱼可以帮助胎宝宝健康成长。

但是这种物质人体自身是无法合成的，需通过进食鱼类来摄取。

磷脂、氨基酸： 鱼肉中含有较多磷脂、氨基酸，这些物质对胎儿中枢神经系统的发育可起到良好的促进作用。

二十二碳六烯酸： 二十二碳六烯酸（DHA）是构成大脑神经髓鞘的重要成分，能促进大脑神经细胞的发育。多食富含DHA的鱼类，宝宝会更聪明。

6.多喝牛奶

怀孕是女性的特殊生理过程。一个微小的受精卵会在280天左右长成一个重3000~3500克的胎儿。在整个孕期，母体需要储存钙50克，其中供给胎儿30克。如果母体钙摄入不足，胎儿就会从母体的骨骼中夺取，以满足生长的需要，这就会使母体血钙水平降低。

现在有一些专门的营养公司根据孕妇的生理需求，研制出了孕妇奶粉，在奶粉中强化钙元素。同时，孕妇奶粉还兼顾胎儿发育所必需的其他微量元素及多种营养，冲调方便，口感好，是孕妈妈不错的选择。

7.适量吃豆类食品

豆类食品是很好的健脑食品。

大豆中蛋白质含量高达35%，而且是符合人体智力发育需要的植物蛋白。其中谷氨酸、天冬氨酸、赖氨酸、精氨酸在大豆中的含量分别是大米的6倍、6倍、12倍、10倍，这些都是脑部所需的重要营养物质。大豆脂肪含量也很高，约占16%。在这些脂肪中，亚油酸、亚麻酸等多种不饱和脂肪酸又占80%以上，这些都说明大豆有健脑的作用。

与大豆相比较，黑豆的健脑作用更加显著。黑豆具有高蛋白、低热量的特性，蛋白质含量高达36%~40%，相当于肉类含量的2倍、鸡蛋的3倍、牛奶的12倍。富含18种氨基酸，特别是人体必需的8种氨基酸含量，比美国FDA规定的高蛋白质标准还高。黑豆还含有19种油脂，不饱和脂肪酸含量达80%，吸收率高达95%以上。含有较多的钙、磷、铁等矿物质和胡萝卜素

▲ 孕妈妈要多喝牛奶，以补充钙质。

以及维生素B_1、维生素B_2、维生素B_{12}等人体所需的多种营养素。

因此，孕妈妈要适量吃豆制品，以促进胎宝宝大脑的发育。

◀ 与大豆相比，黑豆的健脑作用更加明显。

二、孕1月饮食红灯：为好"孕"扫除营养障碍

孕1月，孕妈妈依旧可以按照正常的饮食习惯进食，但有个前提就是，您原本的饮食习惯是健康有序的。检视一下您的饮食习惯，有没有闯"红灯"呢？

1.忌：滥补维生素 ★

孕期维生素的摄入量要有所增加，但只要饮食正常，孕妈妈一般都可以从食物中获取足够的维生素。如果整个孕期持续大补特补各种维生素制剂，有时反而会带来不良后果。

有研究表明，滥补维生素可能会对胎儿的神经管造成严重影响，导致大脑发育受损。研究还显示，鱼肝油服用过量，有可能造成胎儿畸形；维生素D服用过量，有可能导致孕妈妈肾脏损伤、胎儿骨骼发育异常；维生素C服用过量，会引发尿路结石。

 注

"饮食红灯"栏目，孕期10月每月均有，大部分禁忌适合整个孕期，但有的月份有些禁忌要特别注意，本书会在该月需要特别注意的禁忌上加"★"。

2.忌：食用有损健康的蔬菜

在追求绿色环保的当下，绿色仿佛就是时尚和健康的象征。而蔬菜，更是人们无条件接受和欢迎的食物。不过，有些蔬菜是不能食用的。

青番茄： 青番茄因含有龙葵碱，所以对胃肠黏膜有较强的刺激作用，同时对中枢神经有麻痹作用，食用后会引起呕吐、头晕、流涎等症状，生食危害更大。

发芽和变青的土豆： 这类土豆与青番茄一样，含有龙葵碱，因此不应食用。

无根豆芽： 目前市场上出售的无根豆芽多数是以激素和化肥催发的，无根豆芽是国家食品卫生管理部门明文禁止销售和食用的蔬菜之一。

没熟透的四季豆： 如食用没煮熟的四季豆，会导致中毒，引起头晕、呕吐等症状，严重者甚至死亡。

新鲜黄花菜： 市场上的新鲜黄花菜因含有秋水仙碱，进入人体后，经氧化作用会使人出现腹痛、腹泻、呕吐等中毒症状。若将新鲜黄花菜在水中充分浸泡，使秋水仙碱最大限度地溶于水后即可放心食用。

3.忌：偏食 ★

孕妇在孕早期容易出现偏食现象，如只吃植物食品或偏爱某种单一的食品，这是可以理解的。但是不能整个孕期都吃素食或某些食品，这样会因为营养缺乏而危害胎儿。

▲ 大多数孕妈妈在孕早期胃口不好，但也应注意不要偏食。

素食一般含维生素较多，但普遍缺乏一种叫牛磺酸的营养成分。动物食品大多含有牛磺酸，因此孕妇应该吃一些动物食品，此外还应吃一些鲜蛋、鲜鱼虾，喝一些牛奶，使胎儿能得到足够的营养。

同时，由于生活水平的提高，人们对精米、精面食用量增加，而忽略了未经过细加工的粗粮。要知道，许多人体必需的微量元素正存在于那些未经过细加工的粗粮中。如果孕妇只食用精制米面，会造成营养缺乏症，并由此引起一些疾病的发生。

因此，孕妇在孕期不能偏食。

4.忌：饮用含咖啡因的饮料

咖啡因具有使人兴奋的作用，孕妇在孕早期饮用含咖啡因的饮料会刺激胎动增加，甚至危害胎儿的生长发育。

孕妇如果嗜好咖啡，会影响胎儿的骨骼发育，诱发胎儿畸形，甚至会导致死胎；生下的婴儿没有正常的婴儿活泼，肌肉也不够健壮。

孕妈妈在妊娠期间，最好停止饮用咖啡和其他含咖啡因的饮料。如果精神不佳的话，可以多到室外呼吸新鲜空气，多摄入高蛋白食物，平时多做做轻松的体操，这样也可以起到提神醒脑的作用。

5.忌：贪吃冷饮

孕期吃冷饮，带来的只是一时的畅快，而影响却是长远的。

*冷饮对孕妇肠胃的影响：*孕妇的胃肠对冷热的刺激非常敏感，多吃冷饮会使胃肠血管突然收缩，胃液分泌减少，消化功能降低，从而引起食欲不振、消化不良、腹泻，甚至引起胃部痉挛，出现腹痛等症状。

*冷饮对孕妇上呼吸道的影响：*孕妇的鼻、咽、气管等呼吸道黏膜常常充血，并有水肿现象。如果孕妈妈大量贪食冷饮，充血的血管就会突然收缩，血流减少，可致局部抵抗力降低，使潜伏在咽喉、气管、鼻腔、口腔里的细菌与病毒乘虚而入，引起嗓子痛哑、咳嗽、头痛等症状，严重时还会诱发上呼吸道感染或扁桃体炎等。

*冷饮对胎儿的影响：*吃冷饮除可使孕妇发生以上病症外，胎儿也会受到一定影响。有人发现，腹中胎儿对寒冷的刺激很敏感。当孕妇喝冷水或吃冷饮时，胎儿会在子宫内躁动不安。

▲ 茶叶中含有咖啡因，饮用含有咖啡因的饮料不利于胎儿发育。

▲ 孕妈妈切莫贪图一时的畅快而吃冰激凌等冷饮。

三、孕1月明星营养素

孕1月，孕妈妈除了要继续补充叶酸之外，还要保证蛋白质的供应。叶酸能够预防胎儿发育畸形，而蛋白质是组成人体组织的主要物质，当然"仓库"里要有充足的储备哦！

1.叶酸：预防畸形和缺陷儿

第一次到医院做孕检，医生问孕妈妈小叶："这些天补充叶酸了吗？"小叶因为是意外怀孕，当然没做这些准备。其实，如果是有备而来，小叶在孕前3个月就该补充叶酸了。叶酸是一种重要的B族维生素，因最早从菠菜中分离出来而得名。随着叶酸在膳食中的重要性逐渐被认识，特别是叶酸与出生缺陷、心血管病及肿瘤关系的研究逐步深入，叶酸已成为极为重要的微量营养素。

● 功效解析

为胎儿提供细胞发育过程中所必需的营养物质，保障胎儿神经系统的健康发育，增强胎儿的脑部发育，预防新生儿贫血，降低新生儿患先天白血病的概率。

提高孕妈妈的生理功能，提高抵抗力，预防妊娠高血压症等。

● 缺乏警示

缺乏叶酸除可导致胎儿神经管畸形外，还可导致胎儿宫内发育迟缓、早产、出生体重低。这样的宝宝出生后的生长、智力发育都将受到影响，并且比一般宝宝更易患大细胞性贫血。医学专家指出，新生儿患先天性心脏病及唇腭裂与缺乏叶酸有关。

对于孕妈妈来说，叶酸缺乏可使妊娠高血压症、胎盘早剥的发生率增高，可引起孕妈妈的大细胞性贫血；可使胎盘发育不良、胎盘早剥、自发性流产等。

● 每日摄入量

备孕女性可以在医生的指导下从怀孕前3个月开始口服叶酸增补剂，每天400微克，一直服用到怀孕后3个月。孕妈妈每天需补充600~800微克叶酸才能满足胎儿和自身的需要。

● 最佳食物来源

叶酸广泛分布于各种动、植物食品中，如动物内脏（肝、肾）、鸡蛋、豆类、绿叶蔬菜、水果及坚果等，这些食物都是叶酸的良好来源，可多摄入。

2.蛋白质：人体组织的主要构成元素

自从得知小叶怀孕后，婆婆兴高采烈地从农村采购了大量土鸡蛋、大豆囤积在家里，说是给小叶补充蛋白质。小叶几乎每天都能从亲朋好友中听到"要多吃富含蛋白质的食物"之类的嘱咐。蛋白质到底在孕期营养补给中扮演什么角色呢？

● 功效解析

蛋白质是生命的物质基础，约占人体重量的18%。机体中的每一个细胞和所有重要组成部分都有蛋白质参与。它能生成和修复组织细胞，促进生长发育；保持体内酸碱平衡，维持毛细血管的正常渗透；供给热量。

在妊娠期，孕妇体内的生理变化，包括血液量的增加、身体免疫能力的增强，胎儿生长发育及孕妇每日活动能量的消耗，都要从食物中摄取大量蛋白质来供给。

● 缺乏警示

如果孕妈妈对含有重要氨基酸的蛋白质摄取不足，就无法适应子宫、胎盘、乳腺组织的变化。尤其是在怀孕后期，会因血浆蛋白降低而引起水肿，并且严重影响胎儿的发育，使其发育迟缓，甚至影响宝宝智力。

● 每日摄入量

孕早期蛋白质要求每日摄入70~75克，比孕前多5克；孕中期蛋白质要求每日摄入80~85克，比孕前多15克；孕晚期是胎儿大脑生长发育最快的时期，蛋白质摄入要增加到每日85~100克。

● 最佳食物来源

人体所需的蛋白质有多种，分别由20多种氨基酸按不同的组合构成，其中有8种氨基酸人体无法自己合成，必须通过食物补充，称为必需氨基酸。如果缺乏这8种必需氨基酸，就会影响人体的蛋白质合成，从而影响人体健康。

富含蛋白质的食物包括鱼类、肉类、蛋类、奶类、豆类、谷类和坚果等。鱼、肉、蛋类的蛋白质含量为10%～20%，豆类的蛋白质含量为20%～24%，鲜奶为1.5%~4%，没有冲泡的奶粉为25%~27%，坚果为15%～25%，谷类为6%~10%。

四、孕1月特别关注

怀孕是一件特别幸福的事情，不过，通往幸福的路上总会有一些小障碍。孕妈妈需要有一双慧眼，及时发现并清除这些障碍，这样十月怀胎后，才能迎来健康聪明的宝宝。在本月，有哪些状况是需要特别关注的呢？

1.腹痛、腹胀

孕期腹痛是孕妈妈最常见的症状。那么，哪些腹痛是正常的生理反应，哪些是身体发出的疾病警告呢？孕妈妈应谨慎辨别，不可大意。

● 审"症"循因

在孕早期，有些腹痛是生理性的，即因为怀孕所引起的正常反应，但有些却是病理性的，可能预示着流产等危险的发生。但总的来说，在孕早期出现腹痛，特别是下腹部疼痛，孕妈妈首先应该想到是否是妊娠并发症。常见的并发症有先兆流产和宫外孕两种。

在孕期出现一些疾病也可引起孕妈妈腹痛，但这些病与怀孕无直接关系，如阑尾炎、肠梗阻、胆石症和胆囊炎等。因为在孕期出现腹痛比较常见，所以有时出现了非妊娠原因的腹痛，容易被孕妈妈忽视。有些孕妈妈认为在孕早期出现腹痛可能是偶然性的，不要紧，只要躺在床上休息一下就好了。这种盲目卧床保胎的措施并不可取。正确做法是及时到医院检查治疗，以免延误病情。

● 饮食调理

按时进食，吃好每一顿正餐，不要让胃空着。多吃一些蔬菜和水果。

注意饮食调养，膳食以清淡、易消化为原则，早餐可进食一些烤馒头片或苏打饼干等。

对于偶然性的疼痛，不需要特别补充某些营养素，但为了保证胎宝宝的正常发育，还是有必要摄入充足的维生素和各种矿物质。如果仅仅是生理性的腹痛，可适当喝一些姜糖水，不但可以暖胃，缓解生理性腹痛，还可以减轻恶心、呕吐等早孕反应。

拒绝刺激性食物，不吃过酸的或味道浓烈的食物，也不要喝碳酸饮料。

2. 宫外孕

宫外孕是孕妈妈最恐惧的事情，它是一种常见的急腹症，也是妇科急症之一。宫外孕是指受精卵受到某些原因影响，在子宫腔以外的部位着床发育，也称异位妊娠。

● 审"症"循因

宫外孕一般由输卵管受损引起。由于受精卵无法从受损的输卵管中通过，就黏附在输卵管中并且生长。宫外孕必须及时终止妊娠，否则会因大量内出血而导致孕妈妈休克甚至死亡，而治疗宫外孕的关键是及早发现。因此，了解一些宫外孕征兆，对于及早发现宫外孕是很重要的。在刚刚怀孕的几周，宫外孕引起的反应跟正常怀孕的反应大多是一样的，例如，月经不来、疲劳、恶心和乳房酸痛等，但除此之外宫外孕还有一些特别的征兆：

突发盆骨或者腹痛：90%左右的宫外孕患者常有突发性剧痛，起自下腰部，呈撕裂般、刀割般疼痛。开始会在一侧有强烈刺痛，然后蔓延到整个腹部。

阴道出血：发生宫外孕后多有不规则的阴道出血，色深暗，量少。如果孕妈妈发生剧烈腹痛但无阴道出血，也应警惕宫外孕。

晕厥与休克：宫外孕还会导致急性大量内出血，伴有剧烈腹痛、头晕、面色苍白、脉搏细弱、血压下降、冷汗淋漓，甚至出现晕厥与休克。

由于宫外孕早期并没有特殊症状，所以一旦有怀孕迹象就要到医院做彻底的检查。如果在怀孕10周以内出现上述症状要高度警惕，及时去医院诊治，以免贻误抢救时机，酿成不良后果。

可能引起宫外孕的因素有：

患有盆腔炎症：盆腔炎症会导致输卵管不通畅而导致宫外孕。

患有子宫内膜异位症：子宫内膜异位症也有可能引起输卵管内组织受损而导致宫外孕。

经常抽烟：抽烟的次数越多，患宫外孕的风险越高。

● 饮食调理

均衡饮食，不要抽烟、酗酒或是长期喝咖啡、浓茶。

▲ 抽烟的次数越多，患宫外孕的风险越高，因此孕妇应戒烟。

五、孕1月推荐食谱

孕妈妈应按照"三餐三点心"的原则进食。参见表2-1，早餐应主副食搭配，干稀搭配。午餐要丰盛，尽量不要去吃外面的快餐，多吃蔬菜，确保营养。

表2-1　孕1月孕妈妈每日食谱参考

餐次	时间	饮食参考
早餐	7：00~8：00	全麦面包1片，牛奶1杯，蔬菜1份
加餐	10：00	1杯酸奶和1个苹果
午餐	12：00~12：30	鸡汤豆腐小白菜1份，甜椒牛肉丝1份，橘肉圆子1份，糖醋排骨1份，米饭2两
加餐	15：00	坚果6~8颗，如瓜子、花生、腰果、开心果等
晚餐	18：30~19：00	香菇油菜1份，五彩蔬菜沙拉1份，板栗烧子鸡1份，大枣山药粥1碗

说明

◉ 孕妈妈可以根据自己的口味选择适当的替代品，早餐如果不习惯喝牛奶，可以用米粥代替；如果不想吃全麦面包，可以用馒头或者包子替代。如果午饭不想吃米饭，也可以换成等量的包子或馒头，菜品可以按自己的口味调换，但至少要保证有3种蔬菜和1种肉类。

大枣山药粥

材料： 大枣10个，山药10克，大米100克

调料： 冰糖适量

做法： ❶ 将大米、大枣淘洗干净，山药去皮切片。

❷ 将大米、山药、大枣放入锅内加水，用大火烧沸后，转用小火炖至熟烂。

❸ 另起一锅，将冰糖放入锅内，加少许水，熬成冰糖汁，再倒入粥锅内，搅拌均匀即可。

♥营养解析 大枣可滋补气血，山药能健脾益胃，此粥对孕产妇气血亏虚、脱发有很好的疗效。

橘肉圆子

材料： 橘子瓣或橙子100克，糯米粉100克

调料： 白糖150克，糖桂花2小匙

做法： ❶ 将橘子瓣剥去膜衣，去籽，取出橘肉，放入干净的碗里。

❷ 在糯米粉中加适量温水，拌匀揉透，搓成长条，切成1厘米见方的块，再搓成一个个圆子。

❸ 将锅置于火上，加入500毫升清水，煮沸后下入糯米圆子煮熟。

❹ 另起锅加入500毫升清水和白糖，煮沸后放入煮熟的圆子，加入糖桂花同煮12分钟。连汤带圆子盛入放有橘肉的碗里。

♥营养解析 此甜品可补气血，健脾胃，适用于孕妈妈脾胃虚弱、血小板减少、贫血、营养不良等症。

糖醋排骨

材料： 猪肋排1000克，番茄、黄瓜各50克

调料： 盐、料酒、酱油、白糖、醋各适量

做法： ❶ 将猪肋排斩成4厘米左右的方块，入沸水锅中，锅中加入少许盐，氽烫至八成熟，捞出沥干，肉汤留用；番茄、黄瓜切块备用。

❷ 锅置火上，放油烧热，放入猪排块、番茄块和黄瓜块翻炒，倒入料酒炒出酒香，加入酱油炒出酱香，然后往锅里浇入肉汤，一次不要浇太多。再炒、再浇、炒几次，最后一次炒至汁半干时，加入白糖、醋和剩余盐，炒到汁快干时装盘即可。

板栗烧子鸡

材料： 板栗10个，子鸡1只，蒜片适量

调料： 高汤足量，盐、酱油、料酒、白糖各适量

做法： ❶ 板栗用刀开一小口，大火煮10分钟捞出剥去外壳。

❷ 子鸡切块，放盐、酱油、白糖、料酒腌制10分钟。

❸ 锅中加高汤、酱油、板栗、鸡块、白糖、料酒焖烧至板栗熟烂，加入蒜片继续焖5分钟即可。

♥ **营养解析** 猪排骨含有优质蛋白质、脂肪，尤其是丰富的钙元素。糖醋排骨的味道酸甜适口，非常开胃，适合孕早期胃口不佳的孕妈妈食用。

♥ **营养解析** 此菜适用于妊娠初期孕妈妈补充叶酸、维生素E、蛋白质；可健脾开胃、止吐，还可促进胎儿神经系统发育，预防先兆流产。

甜椒牛肉丝

材料： 牛肉、甜椒各200克，鸡蛋清1份，姜适量

调料： 酱油、甜面酱、盐、鸡精、淀粉、料酒、水淀粉、鲜汤各适量

做法：
① 将牛肉洗净切丝，加入盐、蛋清、料酒、淀粉搅拌均匀；甜椒和姜均切成细丝。

② 锅内放少许油，将甜椒丝倒入炒至半熟，然后盛出备用；牛肉丝滑油至八成熟捞起备用。

③ 锅内放少许油加入甜面酱、牛肉丝、甜椒丝、姜丝炒出香味，加入酱油、鸡精、盐和少许鲜汤，用水淀粉勾芡，翻炒均匀即成。

♥ **营养解析** 此菜含有丰富的优质蛋白质和人体必需的氨基酸、维生素，同时具有补益脾胃、增强免疫力的功效。

五彩蔬菜沙拉

材料： 豌豆、红椒、黄椒、莲藕、紫甘蓝、黑木耳各50克

调料： 沙拉酱3大匙

做法：
① 紫甘蓝、红椒、黄椒洗净，切丁；豌豆、黑木耳焯熟。

② 莲藕洗净，切片，焯熟后摆放盘边。

③ 豌豆、红椒丁、黄椒丁、紫甘蓝丁、黑木耳分别码盘，挤上沙拉酱拌匀或吃时拌匀即可。

♥ **营养解析** 此菜富含叶酸，是补充叶酸的极好食物。另外，这道菜蔬菜多样，也有利于补充多种维生素。

第三章

孕2月（5~8周）：
疲惫与快乐交织的幸福时光

The Second Month of Pregnancy:
Tired but Happy

💜 这个月，你是不是经常会感到疲惫，并且时常有想呕吐的感觉，是不是开始讨厌油烟的味道了呢？这些感觉可能让你觉得不舒服，但这是宝宝在提醒你他的存在呢！当你疲惫的时候，想象一下胎宝宝在你的子宫里慢慢长大的样子吧，那会有多么快乐呢！

💜 肚子里的胎宝宝虽然无声无息，但他可是天天都在成长哦。这个月，孕妈妈要做哪些营养准备呢？

一、孕2月饮食指导

在孕2月，孕妈妈可能因为早孕反应而无法正常饮食，有些孕妈妈可能因此而焦虑，认为自己的早孕反应会影响胎儿的正常发育。其实不用担心，在本月，胎儿还只有一颗绿豆大小，只要孕妈妈采取积极的饮食策略，巧妙应对早孕反应，就能满足胎儿的营养需要。

1.巧妙饮食以应对早孕反应

虽然早孕反应常常让孕妈妈难以下咽，但如果能巧妙饮食的话，不但不会影响孕妈妈的营养摄取，还能减

▲ 为缓解孕吐，孕妇可选择粥等易消化的食物。

轻早孕反应。

少食多餐：孕妈妈可采取少食多餐的方法，不必拘泥于进餐时间，想吃就吃，细嚼慢咽，尤其要多吃富含蛋白质或维生素的食物，如乳酪、牛奶、水果等，切记要多喝水，少饮汤。

晨起喝开水，吃点心：孕妈妈恶心呕吐的症状多在早晨起床或傍晚时较为严重。为了克服晨吐症状，孕妈妈最好清晨起来即喝一杯温开水，通过温开水的刺激和冲洗作用，增加血液的流动性，激活器官功能，使肠胃功能活跃起来。还可在床边准备一些小零食，如面包、水果或几粒花生米等，喝完开水后再吃点小零食、小点心，可以帮助抑制恶心。

烹调多样化：准爸爸应根据孕妈妈的口味和早孕反应情况，选用适当的烹调方法。对喜酸、嗜辣者，烹调中可适当增加调料，激发孕妈妈的食欲；呕吐脱水者，要多食水果、蔬菜，补充水分和维生素、矿物质。热食气味大，孕妈妈比较敏感，可以适当食用冷食或将热食晾凉再吃，以防止呕吐。

选择易消化食物：这个时期，胎宝宝的主要器官开始形成，孕妈妈的饮食要能够满足胎宝宝的正常生长发育和孕妈妈自身的营养需求。最好食用易消化、清淡、在胃内存留时间短的食物，如大米粥、小米粥、馒头片、饼干等，以减少呕吐的发生。

2.注意水、电解质的平衡

妊娠反应期的长短因人而异，由于早期胚胎形成时期对营养素的需求不多，所以大多数情况下不会影响胎儿的发育。但是有些妊娠反应严重者，会造成呕吐频繁、剧烈，水、米难进，不仅将胃内食物吐出，还将胆

▲ 孕早期要多喝水，多吃蔬菜和水果，以保持水、电解质的平衡。

汁等吐出。频繁严重的呕吐可引起体内钠、钾等电解质流失，一旦没有得到及时纠正和治疗，会导致水、电解质平衡失调，造成体内营养环境失衡，使母体的健康受到严重危害，胎儿的健康也难以得到足够的保障。

在这种情况下，孕妈妈要尽快去看妇产科医生和营养医生，尽早控制症状，必要时采取肠内营养和肠外营养综合治疗，防止出现水、电解质紊乱。

同时，还可配合随意膳食，做到什么时候能吃就吃，什么时候想吃就吃，吐了之后能吃还吃，尽可能采取经口摄食，有利于消化和吸收。在择食和摄食方面做到不偏食、不挑食，保证每日热量的基本供应，尽量摄取充足的营养且均衡合理地用膳，以保持体内环境的营养平衡，保证母体健康。

3.尽可能满足蛋白质的需求

孕早期，孕妈妈一定要摄取足够的且容易消化吸收的优质蛋白质。由于孕吐反应，孕妈妈不一定喜欢吃动物蛋白的食物，可用豆类及豆制品、干果类、花生酱、芝麻酱等植物性蛋白质食物代替。有些孕妈妈不喜欢喝牛奶或喝牛奶后腹胀，可以用酸牛奶、豆浆来代替。

4.多补充维生素和矿物质

胎儿期和胎儿出生的第一年，是决定宝宝骨骼和牙齿发育好坏的关键时期，所以要确保钙、磷的摄入。胎儿对锌、铜元素需求也很多，缺锌、缺铜都可导致胎儿骨骼、内脏及脑神经发育不良。

谷类以及蔬菜、水果中富含各种维生素、矿物质和微量元素，注意多吃此类食物。

5.不必勉强进食脂肪类食物

如果孕妈妈因为早孕反应吃不下脂肪类食物，也不必勉强自己。一般情况下，孕妈妈自身储备的脂肪就可满足此时期胚胎发育的需要。如果孕妈妈本身体重偏轻，可以通过进食豆类、蛋类、乳类等食品来少量补充脂肪。

6.多摄入有助于保持好心情的食物

不好的情绪和心理对孕妈妈和胎宝宝都会产生不良的影响，所以孕妈妈要学会自我调节与放松。下列食物可以帮助孕妈妈赶走坏情绪：

豆类食物：大豆中富含人脑所需的优质蛋白和8种必需氨基酸，这些物质都有助于增强脑血管的功能。身体运行畅通了，孕妈妈心情自然就舒畅了。

南瓜：南瓜富含维生素B$_6$和铁，这两种营养素能帮助身体将所储存的血糖转变成葡萄糖，为脑部提供养分。

菠菜：菠菜除含有大量铁元素外，更含有人体所需的叶酸。叶酸是胎宝宝神经系统发育所必需的。

香蕉：香蕉可向大脑提供重要的物质——酪氨酸，使人精力充沛、注意力集中，并能提高创造能力。此

▲ 蔬菜、水果等富含维生素和矿物质，孕妈妈要注意多吃。

外，香蕉中含有可使神经"坚强"的色氨酸，还能形成一种叫作"满足激素"的血清素，它能使人开朗，感受到幸福，预防抑郁症的发生。

樱桃：长期面对电脑的孕妈妈可能会有头痛、肌肉酸痛等毛病，多吃樱桃可改善这些状况。

7.合理饮食，避免便秘或腹泻

在整个妊娠过程中，孕妈妈消化功能下降，抵抗力减弱，易发生腹泻或便秘。在孕早期，腹泻不仅会导致孕妈妈损失营养素，并且还会因肠蠕动亢进而刺激子宫，甚至可能引发流产。因此，孕妈妈的孕早期饮食要特别讲究卫生，食物一定要干净、新鲜，以防发生腹泻。

另外，孕早期易发生便秘，所以要多食用富含纤维素的蔬菜、水果、薯类食品。水果中含有较多的果糖和有机酸，易发酵，有预防便秘的作用。此外，水分的补充也非常重要，要多喝鲜果汁、牛奶、白开水等。

▲ 豆类、南瓜、菠菜、香蕉都有助于保持好心情。

▶ 进食新鲜蔬果时，一定要先将蔬果清洗干净，以免发生腹泻。

二、孕2月饮食红灯：为好"孕"扫除营养障碍

孕2月，不少孕妈妈因为早孕反应，口味变得非常奇怪，会喜欢吃一些平时根本不喜欢吃的东西。当然，能让孕妈妈吃下东西补充营养自然很好，不过，如果有些食物吃了弊大于利的话，还是不吃为好。下面来看看孕2月有哪些饮食禁忌吧！

1.忌：过食不利安胎的食物 ★

对于孕妈妈来说，有些食物会刺激子宫，不宜长期、大量食用，特别是在胚胎比较敏感的孕早期，还是少吃为宜。

不宜过多食用热性香料：八角、茴香、花椒、胡椒、肉桂、桂皮、五香粉、红干椒粉等都属于热性香料，孕妇食用热性香料，会导致便秘。这是因为女性在怀孕期间，体温相应增高，肠道也较干燥，香料性大热，具有刺激性，很容易消耗肠道水分，使胃肠腺体分泌减少，造成肠道干燥、便秘。便秘发生时，孕妇必然

▲ 八角、花椒、桂皮等热性香料，孕妇要禁食。

用力屏气排便，这样就会引起腹压增大，压迫子宫内的胎儿，影响胎儿的正常发育，甚至导致流产等不良后果。

不宜过食寒凉食物：空心菜、苋菜、马齿苋、慈姑、螃蟹、甲鱼、豆腐皮、西瓜等食物属性寒凉，对安胎不利，孕早期应少吃或不吃。

2.忌：晚餐多吃

有些孕妇白天因为工作忙碌而忽略中餐，晚餐便大吃特吃，这对健康不利。晚饭后人的活动有限，人体在夜间对热量和营养物质的需求量不大，特别是睡眠时，只要提供较少的热量和营养物质，使身体维持基础代谢需要即可。

如果晚饭吃得过饱，会增加孕妇胃肠负担。特别是饭后不久就睡觉，人在睡眠时胃肠活动减弱，更不利于消化食物。

3.忌：饮食饥饱不均

饥饱不均会造成孕妇肠胃不适。

有的孕妈妈对饮食不加节制，吃得过饱以至于肠胃不适，体内大量血液集中到胃里，造成胎儿供血不足，影响胎儿生长发育。如果孕妈妈长期饮食过量，不但会加重胃肠负担，还会造成胎儿发育过大，导致难产。

如果孕妈妈吃得过少，会使胎儿得不到足够的营养。有的孕妈妈由于妊娠反应的干扰，不愿吃饭，可能孕妈妈本人并不觉得饥饿，但身体若得不到营养的及时供应，对孕妈妈健康和胎儿生长发育均不利。

4.忌：完全吃素食

有些女性担心发胖，平时就以素食为主，怀孕后加

上妊娠反应，就更不想吃荤食了，结果就完全吃素食，这种做法很不科学。孕妈妈完全素食，会造成牛磺酸缺乏。

孕妈妈对牛磺酸的需要量比平时要多，本身合成牛磺酸的能力又有限，素食中很少含有牛磺酸，而荤食大多含有一定量的牛磺酸。若只吃素食，久而久之，会造成牛磺酸缺乏。孕妈妈缺乏牛磺酸，新生儿出生后易患视网膜退化症，严重者甚至导致失明。

5.忌：吃油条

油条中的铝元素会影响胎儿的大脑发育。炸油条时，每500克面粉就要用15克明矾，明矾是一种含铝的无机物。如果孕妈妈每天吃两根油条，就等于吃了3克明矾，这样每天积累起来，其摄入的铝量就相当惊人了。孕妈妈体内的铝元素会通过胎盘侵入胎儿的大脑，影响胎儿大脑发育，增加痴呆儿的发生概率。因此，孕妈妈不宜吃油条。

▶ 孕妈妈完全素食容易导致牛磺酸缺乏，影响胎儿发育。

三、孕2月明星营养素

　　孕2月对于孕妈妈来说，是比较难熬的一个月。在本月，不少孕妈妈因为早孕反应而吃不下东西，这时孕妈妈更要注意补充营养素，有选择地进食一些在本月能起关键作用的营养素食物，不但能缓解孕吐，而且还能在进食少的情况下满足孕妇本身和胎儿成长的营养需要。

1.碳水化合物：热能供给源

　　碳水化合物即糖类物质，是人体能量的主要来源。怀孕后，孕妈妈消耗的能量会比平时多，所以适量摄入优质的碳水化合物对孕妈妈和宝宝都非常重要。

● 功效解析

　　所有的碳水化合物在体内被消化后，主要以葡萄糖的形式被吸收，为人体提供热能，维持心脏和神经系统正常活动，同时可避免蛋白质氧化增加肝脏的负担，从而起到保肝解毒的作用。

● 缺乏警示

　　葡萄糖为胎儿代谢所必需的物质，如果孕妈妈因碳水化合物摄入不足而引发低血糖，必然会影响胎儿的正常发育。

　　在孕期缺乏碳水化合物，就等于缺少能量，孕妈妈会出现消瘦、低血糖、头晕、无力甚至休克等症状。如果碳水化合物摄入不足，组织细胞就只能靠氧化脂肪、蛋白质的方式来获得人体必需的热能。尽管脂肪也是组织细胞的燃料，但是在肝脏中，脂肪的氧化不彻底，可能导致血中的酮体堆积，甚至发生酮症酸中毒，将影响胎儿的生命安全。蛋白质在体内氧化代谢生成二氧化碳

▲ 甘薯、绿豆、红豆等，都是富含碳水化合物的食物。

和水，如果蛋白质氧化过多，将会增加肝脏的负担。

● 每日摄入量

　　孕早期每天需摄入150克以上的碳水化合物。到孕中晚期时，如果每周体重增加350克，说明碳水化合物摄入量合理，若每周体重增加超过350克则说明碳水化合物摄入过多，应适当减少摄入量。

● **最佳饮食来源**

富含碳水化合物的食物有：土豆、甘薯等薯类；水稻、小麦、玉米、大麦、燕麦、高粱等谷类；大豆以外的豆类，如绿豆、红豆等；甘蔗、甜瓜、西瓜、香蕉、葡萄等水果；胡萝卜、番茄等蔬菜。

 好"孕"小贴士

摄取蔗糖等纯糖后，会被人体迅速吸收并以脂肪的形式储存起来。纯糖摄入量不宜过多，否则容易引发龋齿、肥胖、心血管病、糖尿病等。

2.维生素B₁：缓解疲劳、健康肠道

由于胎盘激素的作用，怀孕期间的女性消化道张力减弱，容易发生恶心、呕吐、食欲缺乏等妊娠期反应，此时适当补充一些维生素B₁对减轻这些不适是很有帮助的。

● **功效解析**

维生素B₁又叫硫胺素，维生素B₁不但对神经系统组织和精神状态有调节作用，还参与糖的代谢，对维持胃肠道的正常蠕动、消化腺的分泌、心脏和肌肉等的正常生理功能起着重要作用。胎宝宝也需要维生素B₁来帮助生长发育，维持正常的代谢。

● **缺乏警示**

孕妈妈缺乏维生素B₁，会影响胎儿的能量代谢，进而影响胎儿发育。

● **每日摄入量**

维生素B₁在能量代谢特别是碳水化合物代谢的过程中是必不可少的，其需要量通常与摄入的能量有关，孕妈妈每日维生素B₁的参考摄入量为1.5毫克。

● **最佳食物来源**

维生素B₁的食物来源主要为葵花子、花生、大豆粉、瘦猪肉；其次是粗粮、小麦粉、玉米、小米、大米等谷类食物；发酵生产的酵母制品中含有丰富的B族维生素；在动物内脏如猪肾、猪心、猪肝，蛋类如鸡蛋、鸭蛋，绿叶蔬菜如芹菜叶、莴笋叶中，维生素B₁的含量也比较高。

▲ 玉米、鸭蛋等都是富含维生素B₁的食物。

好"孕"小贴士

维生素B₁的含量与食物的加工和烹调方法密切相关。粮食碾磨得太细，会丢失很多维生素B₁；多次用水搓米，吃捞饭扔掉米汤，也会造成维生素B₁大量流失；维生素B₁在酸性或者酸性加热环境中稳定，而在紫外线或者高温碱性溶液中非常容易被破坏，所以熬粥时不要放碱，以利于维生素B₁的存留。

3.维生素B₂：避免胎宝宝发育迟缓

维生素B₂在孕早期的作用非常大，孕妈妈要有意识地摄取富含维生素B₂的食物。

● 功效解析

维生素B₂又名核黄素，是机体中许多酶系统重要辅基的组成成分；参与机体内三大产能营养素——蛋白质、脂肪和碳水化合物的代谢过程，促进机体生长发育，增进记忆力；能将食物中的添加物转化为无害的物质，强化肝功能；促进皮肤、黏膜特别是经常处于弯曲活动的部分，如嘴角、舌的细胞损伤后的再生。

● 缺乏警示

孕妈妈妊娠期缺乏维生素B₂，会造成碳水化合物、脂肪、蛋白质、核酸的能量代谢无法正常进行。在孕早期会促发妊娠呕吐；在孕中期会引发口角炎、舌炎、唇炎、眼部疾病等。

维生素B₂缺乏对胎儿的影响主要发生于器官形成期，而中晚期危害比孕早期要小，因此，孕妈妈必须特别重视孕早期维生素B₂的补充。

● 每日摄入量

孕妈妈每日维生素B₂的适宜摄取量为1.8毫克。

● 最佳食物来源

维生素B₂广泛存在于动物与植物性食物中。动物性食物中维生素B₂含量较高，尤以肝脏、心脏、肾脏为甚，奶类和蛋黄也能提供相当数量的维生素B₂，而谷类和蔬菜也是维生素B₂的主要来源。

好"孕"小贴士

谷类的加工对维生素B₂存留有较大的影响，例如精白米中维生素B₂的存留率只有11%，小麦标准粉中维生素B₂的存留率有35%，因此谷类的加工不宜过精。同时，烹调加工也会使谷类损失一部分维生素B₂。

▲ 动物内脏、奶类和蛋黄富含维生素B₂。

四、孕2月特别关注

不少孕妈妈在孕2月会出现早孕反应，如呕吐、疲惫等，一些体质差的孕妈妈甚至会出现先兆流产现象。现在，我们就来关注一下本月孕妈妈可能出现的症状吧！

1.头晕

这些天，孕妈妈小雅时不时地感到头晕，蹲下去站起来时都会有眩晕的感觉，这是怎么回事呢？

● 症状及原因

怀孕期间，孕妈妈全身会出现不同程度的生理变化，由于机体不能适应，就会出现多种多样的症状，头晕就是其中之一。

▲ 头部眩晕是孕妈妈孕早期常见的症状之一。

由于孕妈妈的自主神经系统功能失调，调节血管的运动神经不稳定，在体位突然发生改变时，容易因脑缺血而出现头晕。同时由于妊娠反应，孕妈妈进食少，易伴有低血糖，也会导致头晕眼花。

孕妈妈体内血量虽然会比平常增加许多，但大多集中在腹部，头部的血流灌注容易不足；再加上体重增加，使心脏的负担变重，孕妈妈一旦突然站起来，或者姿势转变太快，就会有头晕的现象。

此外，孕期贫血也会引起头晕。如果孕妈妈在大热天久站，也容易发生头晕。

● 饮食调理

孕妈妈饮食宜清淡、易消化、富有营养，可以常食鱼类、蛋类、瘦肉、蔬菜、水果等食物，如果出现恶心呕吐，宜采取少食多餐的原则。

忌食肥腻辛辣之品，如肥肉、红干椒、胡椒等容易助热、耗气的食品。

不要因为怀孕就刻意地吃大鱼大肉，只需注意营养均衡即可。

为了防止脱水，白天应该多喝水，每晚保证至少有6～7小时的睡眠。

2.孕早期疲惫

上班族孕妈妈小雨自孕2月起，整天感觉浑身疲惫、嗜睡。没有办法，只好向公司申请每天上半天班，另外半天在家休息。

● 症状及原因

怀孕期间，由于身体受到激素影响，再加上胎中宝宝成长需要许多能量，因此，孕妈妈很容易产生疲惫感

▲ 孕早期容易产生疲惫感，这是正常现象，不用太担心。

速恢复体力、消除疲劳；维生素C可以调整身体上的压力与情绪的不安定状态；维生素E有扩张末梢血管的作用，不但可以改善手脚的末梢血液循环，还可以将营养输送到脑部，对于脑部的血液循环有很好的帮助。

调整三餐饮食： 早餐应多吃富含膳食纤维的全麦类食物，搭配富含优质蛋白质的食物，这样就会感觉精力充沛。午餐应控制淀粉类食物的摄入量，孕妈妈如果午餐吃了大量米饭或土豆等富含淀粉食物，会造成血糖迅速上升，从而产生困倦感。所以午餐时淀粉类食物不要吃太多，应该多吃些蔬菜和水果，以补充维生素，有助于分解早餐所剩余的糖类及氨基酸，从而提供能量。晚餐则越简单越好，千万不要吃太多，因为一顿丰盛、油腻的晚餐会延长消化系统的工作时间，导致机体在夜间依然兴奋，进而影响睡眠质量，使孕妈妈感到疲倦。

3.先兆流产

小君是高龄产妇，好不容易怀上孩子，欢喜劲儿还没过，就发现阴道出现少量流血。赶紧上医院去检查，医生说是先兆流产，需要保胎。

 好"孕"小贴士

怀孕期间，孕妈妈想睡就睡，不必做太多事，尽可能多休息。

或身体酸痛症状。这是怀孕期间的正常现象，不用过度担心，只要适度调整一下生活作息，就可以减轻疲惫感。

孕期疲惫虽然不算严重的不适，但它会加重孕妈妈的心理负担，影响孕妈妈的心情，所以还是应该积极地对待，尽量从饮食和生活作息上进行调整。

● 饮食调理

多吃富含维生素的食物： 维生素B₁可以促进碳水化合物的代谢，帮助肝糖原的生成并转变成能量，可以迅

● 症状及原因

先兆流产是指出现流产的先兆，但尚未发生流产，具体表现为已经确诊宫内怀孕，胚胎依然存活，阴道出现少量出血，并伴有腹部隐痛。通常先兆流产时阴道出血量并不很多，不会超过月经量。先兆流产是一种过渡状态，如

 阴道出现少量出血并伴有腹部隐痛，可能是先兆流产的迹象，孕妈妈要引起重视

果经过保胎治疗后出血停止，症状消失，就可继续妊娠；如果保胎治疗无效，流血增多，就会发展为流产。

先兆流产的原因比较多，例如孕卵异常、内分泌失调、胎盘功能失常、血型不合、母体全身性疾病、过度精神刺激、生殖器官畸形及炎症、外伤等，均可导致先兆流产。

● 饮食调理

气虚者宜食清淡、易消化、富有营养的食物，可多吃豆制品、瘦肉、鸡蛋、猪心、猪肝、猪腰汤、牛奶等食物。

从中医的角度看，气虚者宜多吃补气固胎的食物，如鸡汤、小米粥等；血虚者宜益血安胎，宜食糯米粥、黑木耳、红枣、羊肾、黑豆等；血热者宜清热养血，宜食丝瓜、芦根、梨、山药、南瓜等。

忌食薏米、肉桂、干姜、桃仁、螃蟹、兔肉、山楂、冬葵子等容易导致滑胎的食物。

忌辛辣刺激、油腻及偏湿热的食物，如红干椒、羊肉、狗肉、猪头肉、姜、葱、蒜、酒等。

> **好"孕"小贴士**
> 出现先兆流产的孕妈妈要注意休息，不要参加重体力劳动或进行剧烈运动，严禁性生活，同时要保持情绪的平稳，禁忌过度悲伤、惊吓等。

五、孕2月推荐食谱

一般来说，孕吐反应在早上会比较强烈一点，这多多少少会影响孕妈妈早餐的食欲 。早餐对于营养的补给非常重要，不能因为孕吐而不吃。建议孕妈妈在早餐前可以先散散步、做做操或进行家务劳动等，激活器官功能，促进食欲，加速前一天晚上剩余热量的消耗，以产生饥饿感，促使早饭多吃。孕2月孕妈妈每日食谱参见表3-1。

表3-1　孕2月孕妈妈每日食谱参考

餐次	时间	饮食参考
早餐	7：00~8：00	豆包或馒头1两，莲子芋肉粥1碗，煮鸡蛋1个，蔬菜适量
加餐	10：00	牛奶1杯，苹果1个
午餐	12：00~12：30	米饭1碗，青椒炒瘦肉丝1份，拌黄瓜1份，排骨藕汤1碗
加餐	15：00	烤馒头片1两，橘子1个
晚餐	18：30~19：00	番茄炒鸡蛋1份，清炒胡萝卜1份，红烧黄鱼1份，米饭2两

说明

◉ 早餐的莲子芋肉粥可以用燕麦南瓜粥或者松仁核桃香粥代替，豆包或馒头可以换成花卷或餐包，以变换口味。

◉ 上午的加餐可以换成豆浆和香蕉。

◉ 如果工作地点附近有喝下午茶的地方，且公司允许的话，可以去吃点儿蒸饺或者小笼包之类的茶点，一来可以补充营养，二来也可以让昏昏欲睡的头脑重新变得清醒。

莲子甘薯粥

材料： 糯米100克，莲子肉、甘薯肉各60克

调料： 白糖适量

做法： ❶ 将莲子肉、甘薯肉用水冲洗干净；糯米淘洗干净。

❷ 将莲子肉、甘薯肉、糯米一起放入锅中煮成粥，粥熟加入白糖，稍煮即可。

♥ **营养解析** 此粥有补肾安胎的作用。适用于妊娠早期孕妈妈食用，可预防先兆流产，能增加营养。

燕麦南瓜粥

材料： 燕麦30克，大米50克，小南瓜1个，葱花适量

调料： 盐适量

做法： ❶ 南瓜洗净，削皮，切成小块；大米洗净，用清水浸泡1小时。

❷ 锅置火上，将大米放入锅中，加水，大火煮沸后转小火煮20分钟；然后放入南瓜块，再煮10分钟；最后加入燕麦，继续用小火煮10分钟。

❸ 出锅前加盐调味，再撒上葱花即可。

♥ **营养解析** 燕麦的锌含量在所有谷物中最高，而且含有丰富的维生素B₁、氨基酸、维生素E等。同时燕麦内含有一种燕麦精，具有谷类特有的香味，能刺激食欲，特别适合孕早期有孕吐症状的孕妈妈食用。

松仁核桃香粥

材料： 紫米100克，松仁50克，核桃仁50克

调料： 冰糖适量

做法： ❶ 核桃仁洗净掰碎至松仁同等大小；紫米淘洗净，用水浸泡约3小时。

❷ 锅置火上，放入清水与紫米，大火煮沸后，改小火煮至粥稠，加入核桃仁碎、松仁与冰糖后，小火再熬煮约20分钟即可。

♥ **营养解析** 松仁、核桃等坚果富含维生素E，有助预防孕早期流产。

清炒菜花

材料： 菜花400克，葱段10克，姜末适量

调料： 海鲜酱油1大匙，蚝油、料酒各2匙，香油、白糖、盐、淀粉各适量

做法： ❶ 将菜花洗净，掰成小朵，下入凉水锅中，加入1小匙盐，大火烧开，中火煮熟后捞出，沥干水。

❷ 将海鲜酱油、盐、蚝油、白糖、料酒、淀粉放入碗中，兑成芡汁。

❸ 锅内加入植物油烧热，放入菜花炒软，放入葱段、姜末，倒入芡汁，翻炒均匀淋入香油即可。

♥ **营养解析** 清炒菜花可为孕妈妈补充各种维生素，具有化滞消积、开胃消食的功效，可以缓解因早孕反应带来的各种不适。常食菜花还有助于提高孕妈妈的免疫力。

香干芹菜

材料： 香干、芹菜各100克，红椒丝50克，葱花、姜丝各适量

调料： 盐、鸡精各适量

做法： ❶ 将芹菜去叶、洗净，在开水中略焯一下，切成寸段；香干切条。

❷ 热油加葱花、姜丝炝锅，加入香干煸香，再下芹菜段和红椒丝翻炒至熟，最后加盐、鸡精调味即可。

♥ **营养解析** 此菜补充钙元素，增加膳食纤维，预防孕期便秘。

什锦糙米饭

材料： 大米、糙米、瘦肉丝、香肠各100克，鲜香菇50克

调料： 酱油、料酒、淀粉各适量

做法： ❶ 大米、糙米分别淘洗净；糙米用水浸泡约2小时；瘦肉丝用料酒、酱油、淀粉拌匀腌入味；香菇去蒂洗净，切丝，焯水备用；香肠切丝备用。

❷ 电饭锅或煲锅中倒入适量水，放入大米、糙米煮至五成熟，放入瘦肉丝、香肠丝煮至饭熟，放入香菇丝焖5分钟即可。

♥ **营养解析** 糙米富含膳食纤维及B族维生素，孕早期食用，有助于缓解孕吐反应。

第四章

孕3月（9~12周）：
害喜困扰的时光

The Third Month of Pregnancy:
Morning Sickness

♥ "害喜"这个词真是太精准了！"害"的意思是不好，如"害人""害怕"等，偏偏后面跟了个喜庆的"喜"字，这两个字合在一起，把孕妈妈孕早期那种痛并快乐的境况表达得淋漓尽致。没错，害喜的时光，就是痛并快乐着的时光。

♥ 吐啊吐，刚刚好不容易才吃下的东西又全部吐了出来。宝宝求你不要折腾妈妈了，好难受啊！妈妈什么都吃不下，怎么给你足够的营养让你成长呢？

♥ 既然对食物提不起兴趣，那就选择质量好的食物吧！这个月胎宝宝需要含蛋白质、糖和维生素较多的食物，同时还要保证充足供应。

一、孕3月饮食指导

在孕3月，不少孕妈妈依然受妊娠反应的困扰，对饮食有抗拒感。但为了给胎宝宝的发育提供足够的营养，这个月，孕妈妈更要掌握相应的饮食原则和技巧，尽量在进食少的情况下保证自身和胎儿发育的营养需求。

1.确保矿物质、维生素的供给

孕妈妈一定要保证脂肪酸、维生素、钙、磷等营养素的摄入。其实，只要保证食物多样化，一般都可以满足机体的需要。

孕妈妈应适当摄入含钙、磷、铁、锌的食物，奶类、豆类、海产品等含有丰富的钙和铁；肉类、动物血、海带、黑木耳、芝麻等含有丰富的铁和磷；肉类、动物肝脏、蛋类、花生、核桃、杏仁、麦胚、豆类、牡蛎、鲱鱼等含有较多的锌。

怀孕早期要特别注意维生素B$_1$、维生素B$_2$、维生素B$_{12}$的补充。B族维生素主要来源于谷类粮食，但加工过细的精米、精粉中B族维生素含量明显减少。因此，孕妈妈应多吃标准米和标准粉，在烹调加工中还要注意避免损失维生素，如做面食时尽量少加碱或不加碱，淘米时不要过分搓洗。

2.注意补钙

本月胎儿的骨骼细胞发育加快，肢体慢慢变长，逐渐出现钙盐的沉积而使骨骼变硬。此时胎儿需从孕妈妈

▲ 孕早期，大部分孕妈妈会出现害喜现象，不用过于担心营养不足，只要保证食物多样化，基本可满足胎儿和自身的需要。

体内摄取大量的钙。如果孕妈妈钙摄取不足，就会动用自己骨骼中的钙，使钙溶出，导致孕妈妈出现骨质疏松的状况，孕晚期还会引起腿抽筋等问题。胎儿长期缺钙，会增加先天性佝偻病的发生率。

此外，孕妈妈缺钙，还会影响自身牙齿状况和胎儿的牙齿发育。人类牙齿的发育从胚胎第6周就开始了，乳牙的最早钙化发生在胚胎第13周左右。缺钙会影响宝宝将来牙齿的坚固性，更容易发生龋齿。孕妈妈如果缺钙，自身的牙齿也会出现松动现象。

▲ 有益胎儿大脑发育的食物在孕早期应适当多吃。

3.多摄入有利于胎儿大脑发育的食物

本月是胎宝宝大脑发育的关键时期，因此，孕妈妈要有意识地摄入有利于胎宝宝大脑发育的食物。如表4-1所示。

脂质：对大脑来说，脂质是第一重要成分，占脑细胞的60%，它是构成大脑细胞的建筑材料。这里的脂质是指结构脂肪，即多不饱和脂肪酸。

蛋白质：蛋白质虽不是大脑的主要建筑材料，仅占脑细胞的35%。但有了蛋白质，大脑才能充分发挥记忆、思考等能力。

葡萄糖：葡萄糖是提供脑细胞活力的能源。

维生素、钙、磷：维生素和钙、磷等在大脑中所占比例虽然不高，却是脑部发育的必需物质。这些营养素大部分是母体自身不能合成的，必须靠膳食供给。

所以，孕妈妈的营养好坏与胎儿大脑结构健全与否、智力的优劣至关重要。

表4-1　有助胎儿脑发育的最佳食物表

类别	名称
粮谷类	小米、玉米等
干果类	核桃、芝麻、花生、松仁、南瓜子、栗子、杏仁等
蔬菜类	黄花菜、香菇等
水产品	深海鱼、海螺、牡蛎、虾、鱼籽、虾籽、海带、紫菜等
禽类	鸭、鹌鹑、鸡等

4.摄入足够的热能

孕妈妈在孕期能量消耗要高于孕前，对热能的需要会随着妊娠月数的增加而增加。如果孕妈妈妊娠期热能供应不足，就会动用母体内贮存的糖原和脂肪，人就会因此消瘦、精神不振、皮肤干燥、骨骼肌肉退化、脉搏缓慢、体温降低、抵抗力减弱等。所以，孕妈妈保证孕期热能供应极为重要。

葡萄糖在生物体内发生氧化反应会放出热能，是胎儿代谢必需的能量来源。由于胎儿消耗母体葡萄糖较多，当母体葡萄糖供应不足时，易引起酮血症，继而影响胎儿智力发育，也会使出生胎儿体重偏轻。

因此，孕妇应摄入足够的热能，重视碳水化合物类食品的摄入，以保持血糖正常水平，避免因血糖过低对胎儿体格及智力发育产生不利影响。孕妈妈所需要的热能主要来自产热营养素，即蛋白质、脂肪和碳水化合物，如各种粮谷食品等。

5.吃酸有讲究

孕妈妈怀孕后，胎盘分泌的某些物质有抵制胃酸分泌的作用，使胃酸显著减少，消化酶活性降低，并会影响胃肠的消化吸收功能，从而使孕妈妈产生恶心呕吐、食欲下降、肢软乏力等症状。由于酸味能刺激胃分泌胃液，有利于食物的消化和吸收，所以多数孕妈妈都爱吃酸味食物。

从营养角度来看，一般怀孕2～3个月后，胎儿骨骼开始形成。构成骨骼的主要成分是钙，但是要使游离钙形成钙盐在骨骼中沉积下来，必须有酸性物质参加。酸性食物大多富含维生素C，维生素C也是孕妈妈和胎儿所必需的营养物质，是胎儿形成骨骼、牙齿、结缔组织及一切非上皮组织间黏结物所必需的营养素。维生素C

还可增强母体的抵抗力，促进孕妈妈对铁质的吸收。

然而，孕妈妈食酸应讲究科学。人工腌制的酸菜、醋制品虽然有一定的酸味，但维生素、蛋白质、矿物质、糖分等多种营养素几乎丧失殆尽，而且腌菜中的致癌物质亚硝酸盐含量较高，过多食用显然对母体、胎儿健康无益。所以，喜吃酸的孕妈妈，最好选择既有酸味又营养丰富的番茄、樱桃、杨梅、石榴、橘子、酸枣、青苹果等新鲜水果，这样既能改善胃肠道不适症状，也可增进食欲，加强营养，有利于胎儿的生长，一举多得。

▲ 嗜酸的孕妈妈，可选择橘子等天然酸性食物，切忌食用腌制的酸性食物。

二、孕3月饮食红灯：为好"孕"扫除营养障碍

孕早期是胎儿大脑发育的第一个关键期，而与此同时，不少孕妈妈因害喜而厌食，所以科学饮食就显得尤为重要。孕3月，有哪些饮食禁忌呢？

1.忌：营养不良 ★

妊娠反应让孕妈妈吃不下东西，如果没有在孕前做好充分的营养储备的话，在孕早期就要特别注意营养的摄取，以防止出现营养不良的情况。

孕妈妈营养不良会对胎儿智力发育产生影响。人类脑细胞发育最旺盛的时期为孕期前3个月、孕期最后3个月至出生后1年内。孕期营养不良会使胎儿脑细胞的生长发育延缓，DNA合成过度缓慢，从而影响脑细胞增殖和髓鞘的形成。营养不良还会导致孕妈妈出现贫血，使胎儿肝脏缺少铁储备，致使胎儿易患贫血症。同时，孕妈妈营养不良，胎儿和新生儿的生命力也较差，无法经受外界环境中各种不利因素的冲击，容易出现早产，导致新生儿死亡率增高。

此外，某些先天畸形也与母子营养缺乏有关。

2.忌：过度摄入鱼肝油和含钙食品

有些孕妈妈为了给自己和胎儿补钙，大量服用鱼肝油和钙元素食品，这样对体内胎儿的生长是很不利的。孕妈妈长期大量食用鱼肝油和钙元素食品，会引起食欲减退、皮肤发痒、毛发脱落、皮肤过敏、眼球突出、维生素C代谢障碍等。同时，血中钙浓度过高，会导致肌肉软弱无力、呕吐和心律失常等，这些都是不利于胎儿生长的。

有的胎儿生下时就已萌出牙齿，一个可能是由于婴儿早熟的缘故；另一个可能是由于孕妈妈在妊娠期间大量服用维生素A和钙制剂或含钙元素的食品，使胎儿的牙滤泡在宫内过早钙化而萌出。所以孕妈妈不要随意服用大量鱼肝油和钙制剂，如果因治病需要，应按医嘱服用。

3.忌：过分依赖方便面、罐头等方便食品

方便面、罐头等方便食品味美、方便，便于家庭保存，许多人都喜欢食用。不过，孕妈妈怀孕后最好不要再食用这些方便食品了。

在方便面、罐头等食品的生产过程中，往往加入了添加剂，如人工合成色素、香精、甜味剂、防腐剂等。这些人工合成的化学物质对胚胎组织有一定影响，可能会影响胎儿的发育，所以孕妈妈尽量少食用方便食品。

4.忌：食用易过敏食物

有过敏体质的孕妈妈若食用易过敏食物，不仅会导致胎儿患病，还会导致流产或胎儿畸形。这些易过敏食物经消化吸收后，可从胎盘进入胎儿血液循环中，妨碍胎儿的生长发育，或直接损害胎儿某些器官，如肺、支气管等。

要预防进食易过敏食物，孕妈妈必须注意下面几点：

◎ 不要吃过去从未吃过的食物。

◎ 不吃易过敏的食物，如虾、蟹、贝壳类食物及辛辣刺激性食物。

◎ 在食用某些食物后，如曾出现全身发痒、心慌、气喘、腹痛、腹泻等症状，应注意避免食用这些食物。

▲ 易过敏食品对过敏体质的孕妈妈身体无益。

◎ 过敏体质者应少吃异蛋白类食物，如动物肝脏、蛋类、奶类、鱼类等。

5.忌：食用霉变食物

霉菌在自然界中几乎到处都有，其产生的霉菌素对孕妇危害很大，尤其在我国南方造成的危害更为严重。孕妇食用霉变食物有以下危害：

霉菌素在孕早期可导致胎儿畸形：在孕早期（2～3个月），胚胎正处于高度增殖、分化的时期，由于霉菌素的作用，可使胎儿染色体发生断裂或畸变，导致胎儿先天发育不良，出现多种病症，如先天性心脏病、先天性愚型等，还可导致胚胎停止发育，发生死胎或流产。

霉菌素可致癌：霉菌素长期作用于人体可致癌，如黄曲霉毒素可致肝癌等。

因此，孕妈妈在日常生活中要讲究卫生，不吃霉变的大米、玉米、花生、薯类及柑橘等果品，以防霉菌素危害母体和胎儿。

三、孕3月明星营养素

孕3月，孕妈妈一方面要应对害喜；另一方面要努力摄取满足胎儿发育的营养素，而有些营养素恰巧可以减轻孕妈妈的害喜症状，同时满足胎儿发育的需要。让我们来了解一下孕3月的几种明星营养素吧。

1.维生素B₆：有效缓解孕吐

厌食，呕吐……孕妈妈害喜症状严重，一方面可能是怀孕导致的正常反应；另一方面也可能由于机体缺乏某种营养素而导致，比如缺乏维生素B₆等。

● 功效解析

在肝脏和红细胞中，维生素B₆在锌和镁的催化作用下成为有活性的酶，并以辅酶的形式参与体内氨基酸、脂肪酸代谢以及神经递质的合成。它不同于核黄素、烟酸等维生素，主要参与能量代谢，尤其是主要作用于蛋白质的代谢。所有氨基酸的合成和分解中都离不开维生素B₆，大脑形成神经递质也必须有维生素B₆的参与。

● 缺乏警示

孕妈妈缺乏维生素B₆时，会使胰岛素活力降低，导致孕妈妈糖耐量降低。孕早期如果缺乏维生素B₆，会有食欲缺乏、恶心等症状。孕妈妈严重缺乏维生素B₆时，还会出现溢脂性皮炎、色素沉着、唇裂及口腔炎，情绪易激动也易忧郁。

孕妈妈缺乏维生素B₆还会导致胎宝宝脑结构发生改变，影响神经冲动的传导，宝宝出生后易发生抽搐、面瘫。

● 每日摄入量

孕妈妈维生素B₆每日适宜摄入量为1.8~2.0毫克。

● 最佳饮食来源

维生素B₆的食物来源很广泛，动、植物性食物中均含有，通常肉类（白色肉类如鸡肉、鱼肉）、全谷类产品（特别是小麦）、蔬菜和坚果类中含量最高。动物性来源的食物中维生素B₆的生物利用率优于植物性来源的食物，且较易吸收。

● 好"孕"提示

孕妈妈为减轻妊娠反应，可适量服用维生素B₆，但也不宜服用过多。孕妈妈服用维生素B₆过多，不良影响主要表现在胎儿身上，会使胎儿产生依赖性，医学上称为"维生素B₆依赖症"。当宝宝出生后，维生素B₆来源不像母体内那样充分，将导致宝宝出现一系列异常表现，如易兴奋、哭闹不安、容易受惊、眼球震颤、反复惊厥等，还会在1~6个月时体重不增，如诊治不及时，可能会留下智力低下的后遗症。

2.钙：坚固胎宝宝的骨骼和牙齿

孕期需补钙基本已成为孕妈妈的一个常识，不过何时补钙、怎么补、通过什么方式补，大多数孕妈妈并不是很清楚。

● 功效解析

钙是构成牙齿和骨骼的重要物质，99%存在于骨骼和牙齿中，用以形成和强健牙齿、骨骼。钙离子是血液保持一定凝固性的必要因子之一，也是体内许多重要酶的激活剂。

▲ 孕妈妈若缺钙，极易患骨质疏松症。

钙可以被人体各个部分吸收利用，能够维持神经肌肉的正常张力，维持心脏跳动，并维持免疫系统功能。钙还能调节细胞膜毛细血管的通透性。

● 缺乏警示

孕妈妈如果缺乏钙，极易患骨质疏松症，进而导致软骨症、骨盆变形，不利于生产，甚至会造成难产。缺钙还会导致孕妈妈对各种刺激变得敏感，容易情绪激动、烦躁不安，对胎教不利。

孕妈妈缺钙，也会对胎儿产生种种不利影响，如智力发育缓慢，易患先天性佝偻病，宝宝出生时体重过轻，颅骨因缺少钙元素而钙化不好，前囟门可能长时间不能闭合。

● 每日摄入量

随着胎宝宝的成长，孕妈妈对钙的需求量也不断增

多。孕早期建议每天补充钙元素800毫克；到了孕中期，每天补充1000毫克钙元素；孕晚期每天补充1200毫克钙元素。

● 最佳食物来源

鲜奶、酸奶及各种奶制品是补钙的最佳食品，其中既含有丰富的钙元素，又有较高的吸收率。虾米、虾皮、小鱼、脆骨、蛋黄、豆类及豆制品也是钙的良好来源。深绿色蔬菜，如菠菜、芹菜、油菜、韭菜也含有钙，但因为含有草酸，人体难以吸收，所以并非补钙的最佳食物来源。

● 好"孕"提示

含钙高的食物要避免和草酸含量高的食物如菠菜、甘薯、苦瓜、芹菜等一同烹饪，以免影响钙元素的吸收。

补钙的同时还要注意补充磷，含磷丰富的食物有海带、虾、蛤蜊、鱼类等，另外蛋黄、肉松、动物肝脏等也含有丰富的磷。孕妈妈平时要多晒太阳，这样就能得到足量的维生素D，能促进钙的吸收。

虽然孕期补钙非常重要，但也要适量。孕妈妈如果大量服用钙片，胎宝宝容易得高血钙症，还会影响出生之后的体格和容貌。

3.碘：胎宝宝发育的动力

人脑在形成时有发育、分化两个旺盛期，也是最容易受到损害的时期，科学界把它称为脑发育的临界期，一是胎龄10～18周，这是神经母细胞增殖、发育及分化、迁徙、形成脑组织的时期；二是出生前3个月至出生后1岁，即脑发育成熟的主要阶段。这两个阶段需要

更多的碘来合成足量的甲状腺素以供应脑发育。

● 功效解析

碘是甲状腺素的组成成分，甲状腺素能促进蛋白质的生物合成，促进胎儿生长发育，同时也是维持人体正常新陈代谢的主要物质。胎宝宝需要足够的碘来确保身体的发育。

● 缺乏警示

孕妈妈妊娠期甲状腺功能活跃，碘的需求量增加，因此容易造成缺碘。我国很多地区属于缺碘区，更易造成孕妇缺碘。碘缺乏是导致育龄妇女孕产异常的危险因素之一。

孕妈妈缺碘，会使胎宝宝甲状腺合成不足，使大脑皮层中分管语言、听觉和智力的部分发育不全，还会造成流产、死产、先天畸形等。

● 每日摄入量

孕妈妈每日需要补充200微克碘元素。

● 最佳食物来源

最好的补碘食品是海产品，如海带、紫菜、海参、海蜇、蛤蜊等均含有丰富的碘，甜薯、山药、大白菜、菠菜、鸡蛋等也含有碘，可适量多吃一些。

● 好"孕"提示

碘与β-胡萝卜素、脂肪一起摄入，效果更好。在吃含碘食物时，不妨增加一点胡萝卜及动植物油脂。

孕妈妈用碘化盐补充碘时，需注意食用量。

碘遇热易升华，加碘食盐应存放在密闭容器中，于阴凉处保存，炒菜时在出锅前再加入碘盐。

食用海带应先洗后切，以减少碘的流失。

▲ 吃含碘食物时，不妨加一点胡萝卜，有利于碘的吸收。

四、孕3月特别关注

孕3月是孕早期的最后一个月，许多孕妈妈在这个月依然受早孕反应的困扰。不过没关系，打起精神来吧！这些不适很快就会过去，只要好好调理即可。

1.妊娠剧吐

在孕3月，孕妈妈小雨最痛恨的就是清晨，因为每天醒来，她都会剧烈地呕吐。这种感觉真是太难受了。

● 症状及原因

妊娠呕吐是妊娠早期征象之一，多发生在怀孕2～3个月期间，轻者即妊娠反应，出现食欲减退、挑食、清晨恶心及轻度呕吐等现象，一般在3～4周后即自行消失，对生活和工作影响不大，不需特殊治疗。少数妇女反应严重，呈持续性呕吐，甚至不能进食、进水、伴有上腹胀闷不适，头晕乏力或喜食酸咸之物等，这时称妊娠呕吐。本病多见于精神过度紧张、神经系统功能不稳定的年轻初孕妇。另外，胃酸降低，胃肠道蠕动减弱，绒毛膜促性腺激素增多及肾上腺皮质激素减少等，与妊娠呕吐也有一定关系。

● 饮食调理

少食多餐：孕吐反应较重的孕妈妈，不必像常人那样强调饮食的规律性，更不可强制进食，进食的餐次、数量、种类及时间应根据孕妈妈的食欲和反应的轻重及时进行调整，采取少食多餐的办法，保证进食量，并及时补水。为了减轻胃肠道负担，身上可以常备些体积小、水分少的小点心，如饼干、鸡蛋、烤馒头片等，随时补充能量。

饮食清淡，远离刺激性气味：针对妊娠反应，膳食应以清淡为主，选择易消化、能增进食欲的食物。照顾妊娠反应期间孕妈妈的饮食习惯改变和嗜好，不要片面追求营养价值，待反应消失后再逐渐纠正。平时注意适当多吃蔬菜、水果、牛奶等富含维生素和矿物质的食物。为减轻呕吐症状，可进食面包干、馒头、饼干等。还可吃些苹果，既可补充水分和维生素，又能调节电解质平衡，对孕妈妈十分有益。此外，远离刺激、辛辣、油腻的食物，躲开刺鼻气味，如烹调的油烟味，对缓解孕吐也有帮助。

▲ 妊娠反应在清晨空腹时较重，一般不需要治疗。

● 好"孕"提示

如果孕吐已经发生，孕妈妈可以通过深呼吸、听音乐、散步等方法放松心情，然后再进食。进食以后，最好休息半小时，可使呕吐症状减轻。

如果呕吐厉害，可试着在上腭贴片薄姜片。姜有健脾胃、止呕吐的作用，是天然、安全又有效的止吐药；也可用手指按摩双侧内关穴（手前臂内侧中点，腕横纹上2寸）和足三里穴（小腿外侧，外膝眼下3寸），每次持续做20～30秒钟，也会有一定疗效。

怀孕初期，大部分孕妇都会有明显的妊娠反应，时间长短随着个人体质而不同。孕妇不宜擅自利用药物抑制孕吐。

出现孕吐状况的时候，是胎儿器官形成的重要时期。在此期间，胎儿若是受到X射线的照射、某种药物的刺激，或是受到病原体的感染，都会受到损害。

2.尿频

孕3月，许多孕妈妈发现自己很难像以前那样一觉睡到大天亮了，尿频迫使孕妈妈们一遍又一遍地起来上厕所。千万不要因为这样就抱怨连连哦，想想，当宝宝出生后，你还能有多少时间享受一觉睡到天亮的时光呢？就当这是让自己成为一位合格母亲的磨砺吧！

● 症状及原因

到了孕3月，孕妈妈特别容易感到尿频，这主要是因为子宫慢慢变大，造成骨盆腔内器官相对位置发生改变，导致膀胱承受的压力增加，使其容量减少。因此，即使只有很少的尿也会使孕妈妈产生尿意，进而发生尿频。另外，激素分泌的改变也是引起孕妈妈尿频的一个原因。到了孕4月，由于子宫出了骨盆腔进入腹腔中，

▲ 如果孕吐已经发生，孕妈妈可以通过深呼吸、听音乐、散步等方法放松心情，然后再进食。

膀胱所受的压力减轻，尿频症状就会慢慢地缓解。

尿频是妊娠期特有的生理现象，孕妈妈要消除顾虑，不要因为尿频苦恼，有了尿意应及时排尿，切不可憋尿，以免影响膀胱功能，造成尿潴留。小便时如果伴有疼痛或者小便颜色混浊，有患膀胱炎的可能，应及时去医院诊治。

● 饮食调理

保持饮食的酸碱平衡可预防尿频。应避免酸性物质

▲ 妊娠牙龈炎的发生率约为50%，通常在孕2~4个月出现。

摄入过量，以免加剧酸性体质。孕妈妈宜适当多吃富含植物有机活性碱的食品，少吃肉类，多吃蔬菜。平时还要适量补充水分，但不要过量喝水，临睡前1~2个小时内最好不要喝水。

3.妊娠牙龈炎

早上刷牙，孕妈妈豆豆发现刷出满嘴的血，吓得她扔掉牙刷尖叫起来。这到底是怎么回事呢？

● 症状及原因

有些女性怀孕以后牙龈常出血，甚至有时候一觉醒来，枕头上血迹斑斑，但毫无痛觉；有的孕妈妈出现满口牙龈水肿，齿间的牙龈头部还可能有紫红色、蘑菇样的增生物，只要轻轻一碰，脆软的牙龈就会破裂出血，出血量也较多，且难以止住，这就是困扰不少孕妈妈的妊娠牙龈炎。妊娠牙龈炎的发生率约为50%，通常在孕2~4个月出现，分娩后自行消失。若妊娠前已有牙龈炎存在，妊娠会使症状加剧。

● 饮食调理

保证充足的营养。妊娠期孕妈妈比平时需要更多的营养物质，以维护包括口腔组织在内的全身健康。

多食富含维生素C的新鲜水果和蔬菜，或口服维生素C片剂，以降低毛细血管的通透性。

多喝牛奶，吃含钙丰富的食品。

挑选质软、不需多嚼并易于消化的食物，以减轻牙龈负担，避免损伤。

4.便秘

孕妈妈小冉这些天可烦恼了，一方面因为妊娠反应吃不下东西，而与此同时又深受便秘的困扰。

● 症状及原因

孕早期，孕妈妈会出现便秘状况。主要原因有如下几点：

◎ 由于妊娠反应较重，呕吐造成脱水，而食欲缺乏使人体没有补充充足的水分。

◎ 孕激素的大量分泌引起胃肠功能下降，蠕动减慢。

◎ 大量进食高蛋白、高热量食物，蔬菜摄入量少，缺乏膳食纤维。

◎ 担心流产，过度养胎，缺乏必要的运动。

一般情况下，3天不排便就算是便秘，而有些孕妈妈即使只有一天不排便，也会觉得很痛苦，这也是便秘。总之，如果和孕前相比，排便规律变化明显且比较痛苦就算是便秘。在便秘的情况下，腹内积累的毒素不利于机体代谢，还会影响身体健康，所以孕妈妈超过5天不排便就应该到医院就诊。

● 饮食调理

每天注意多饮水并掌握饮水技巧。可以在每天早晨空腹时，大口大口地饮用温开水，使水来不及在肠道吸收便到达结肠，促进排便。

吃含水分多的食物，如苹果、葡萄、桃子、梨、冬瓜等。

吃含膳食纤维多的食物，如芹菜、甘薯、豆类、玉米、韭菜、紫菜等。

吃有助于胃肠蠕动以及含脂肪酸的食物，如蜂蜜、香蕉、核桃、松仁、芝麻等，能促进肠道润滑，帮助排便。

可将核桃、酸奶、烤紫菜、青梅干、香蕉作为零

▲ 如果和孕前相比，排便情况变化明显且比较痛苦就算是便秘。

食，这些零食不但富含营养素，还有改善便秘的作用，一举两得。

食疗方推荐：

◎ 牛奶香蕉木瓜汁：将木瓜、香蕉切成碎块和牛奶混合，然后榨成汁，每天晚上睡觉前喝一杯。如果便秘比较严重，可以把剩下的水果纤维也一起吃下，坚持3天就会有很好的效果。要注意的是，香蕉少量食用时可促进排便，但过量食用反而会引起便秘。

◎ 无花果粥：无花果30克、大米100克。先将大米加水煮沸，然后放入无花果煮成粥。食用时可加适量蜂蜜或白糖，也可根据个人口味将无花果换成核桃、芝麻等。

● 好"孕"提示

每天坚持做适量的运动，保证每周至少有2~3次健身活动。适量的运动可以增强孕妈妈的腹肌收缩力，促进肠道蠕动，预防或减轻便秘。避免久站、久坐，工作时每隔2小时起来活动一下身体。

一般在进食后最容易出现便意，一旦出现便意应及时排便，切不可形成忍便的习惯，这样非常容易导致便秘发生。排便时要保持放松的心态，即使未排出也不要紧张，否则会加重便秘症状。排便时不要看书、看报，避免因精神压力加重便秘。

有些孕妈妈认为，使用中药通便毒副作用小。实际上，常用的通便中药如大黄、火麻仁、番泻叶及麻仁丸、麻仁润肠丸等，都有可能引起流产或早产，孕妈妈一定要慎用，特别是有习惯性流产史的孕妈妈更是要禁用。

五、孕3月推荐食谱

孕3月的孕妈妈在饮食上要尽量选择新鲜、天然的食材，每天要保证有半斤左右的主食，其中有一半是粗粮杂粮。每天吃一个鸡蛋、适量蔬菜，还要吃一些豆制品、瘦肉和鱼类等。孕3月孕妈妈每日食谱参见表4-2。

表4-2　孕3月孕妈妈每日食谱参考

餐次	时间	饮食参考
早餐	7：00~8：00	花卷1两，大蒜海参1碗，鸡蛋1个，蔬菜或咸菜适量
加餐	10：00	牛奶1杯，麦麸饼干2片，苹果1个
午餐	12：00~12：30	鱼香肉丝1份，甘蓝沙拉1份，萝卜炖羊肉1份，米饭2两
加餐	15：00	坚果若干，果汁或酸奶1杯
晚餐	18：30~19：00	砂仁鲫鱼1份，蒜蓉茄子1份，面条1碗

说明

◉ 早餐的咸菜吃多了容易造成体内钠含量增高，不利于健康，可用清爽的小菜来代替。
◉ 上午和下午的加餐可以是消化饼、麦麸饼，也可以是坚果，孕妈妈可根据自己的喜好选择。
◉ 如果不喜欢吃肉，午餐的肉类可以用豆制品替代。晚餐的蒜蓉茄子也可以用芹菜香干来代替。

大蒜海参粥

材料： 大蒜30克，海参50克，大米100克，水1000毫升

做法： ❶ 大蒜去皮，对切两半；海参涨发后洗净、切片；大米洗净。

❷ 大米放入锅内，加水，大火煮沸后加入海参片、大蒜，再用小火煮45分钟即可。

♥ 营养解析 此粥每日当早餐食用，可补气血、添精髓、降血压，适用于孕早期免疫力差、经常感冒或患有原发性高血压、水肿等症的孕妈妈食用。

甘蓝沙拉

材料： 紫甘蓝200克，生菜、玉米粒各50克，小番茄适量
调料： 沙拉酱30克，盐、胡椒粉各适量

做法： ❶ 紫甘蓝、生菜分别洗净，切成细丝；小番茄洗净，对切。

❷ 将紫甘蓝、生菜、小番茄加沙拉酱、玉米粒拌匀，撒少许胡椒粉、盐即可。

♥ 营养解析 此道沙拉富含多种维生素，口味清淡，适合孕早期妊娠反应较严重的孕妈妈食用。

糖醋白菜

材料： 大白菜200克，胡萝卜50克
调料： 白糖、醋各10克，酱油5克，盐、淀粉各3克

做法： ❶ 将白菜洗好，切成斜片；胡萝卜洗净，也切成斜片；将白糖、醋、酱油、盐、淀粉混合在一起搅成糖醋汁。

❷ 锅置火上，放油烧热，放入白菜片煸炒，后放胡萝卜片，炒熟后，将糖醋汁倒入调匀即可。

♥ 营养解析 此菜酸甜可口，能醒脾开胃、增进食欲，适合孕早期食欲不佳的孕妈妈食用。

鱼香肉丝

材料： 猪肉丝100克，冬笋丝30克，黑木耳丝20克，姜末、葱末、蒜末各15克，红椒丝、青椒丝各10克

调料： 豆瓣酱30克，酱油20克，料酒、醋、白糖、水淀粉各10克，盐、鸡精各3克

做法： ❶ 将所有调料（豆瓣酱除外）兑成调味汁，豆瓣酱剁细；将猪肉丝用少量盐、鸡精、料酒、水淀粉腌好备用。

❷ 炒锅上火烧热，加油，倒入肉丝煸炒断生。

❸ 肉丝中下入豆瓣酱、姜末、葱末、蒜末、冬笋丝、木耳丝、红椒丝、青椒丝继续煸炒出香味，加入调味汁，烧开后翻炒几下即可出锅。

♥ **营养解析** 鱼香肉丝咸甜酸辣兼备，姜葱蒜香气浓郁，非常开胃，适合孕早期胃口不好的孕妈妈食用。

砂仁鲫鱼

材料： 鲫鱼1条，砂仁25克，姜丝、葱末各30克

调料： 料酒、淀粉各10克，酱油、盐各适量

做法： ❶ 砂仁洗净，碾碎。

❷ 鲫鱼去鳞及内脏，洗净切花刀，抹干，将盐、料酒、淀粉拌均匀涂在鱼身，然后将砂仁粉撒在鱼身上，隔水蒸约10分钟至熟。

❸ 锅置火上烧热后，放油爆香姜丝及葱末，淋在鱼上，最后淋上少许酱油即可。

♥ **营养解析** 砂仁能温脾止泻、理气安胎，可用于脾胃虚寒、呕吐食少、中虚气滞、胎动不安等症；鲫鱼有增强食欲、健脾胃的功效。这道菜可缓解孕吐症状，促进食欲，更有安胎作用。

盐水虾

材料： 鲜虾250克，姜末适量，水500克
调料： 盐5克，食醋适量
做法： 将鲜虾洗净，放入锅内，加水、适量盐煮熟，食时去壳，蘸食醋、姜末即可。

♥营养解析 此菜有补肾、健脾、止呕的功效，适用于孕吐、食欲不佳等症。

萝卜炖羊肉

材料： 羊肉500克，萝卜300克，姜块、香菜段各适量。
调料： 盐、料酒、胡椒粉各适量
做法： ❶ 将羊肉洗净，切小块，放入加了料酒的开水锅中汆烫片刻，捞出沥干；萝卜洗净，切小块。

❷ 将羊肉块、姜块、盐放入锅内，加入适量水，大火烧开后，改用小火煮1小时，再放入萝卜块炖煮熟，最后放入香菜段、撒上胡椒粉略煮即可。

♥营养解析 此菜味道鲜美，可增加食欲，适用于孕早期食欲不佳、消化不良等症。

蒜蓉茄子

材料： 紫皮长茄子400克，香菜1根，大蒜6瓣
调料： 盐2克，酱油3克，白糖3克，香油5克，花椒5克
做法： ❶ 香菜洗净切末，大蒜剁成蒜蓉。

❷ 茄子洗净切段，放入盐水中浸泡5分钟，捞出，对切两半，放入热油中炸软捞出。

❸ 用油爆香花椒后，捞出花椒，放入蒜蓉炒匀，再放入茄子、酱油、白糖和盐，烧至入味，最后再淋上香油，撒上香菜末即可。

♥营养解析 茄子富含维生素E、磷、铁、胡萝卜素和氨基酸，可提高机体免疫力。

第五章

孕4月（13~16周）：
腹部悄悄鼓起来了

The Fourth Month of Pregnancy:
Belly Bulging

♥ 那些让人难受无比的孕吐啊、孕早期疲惫啊，终于都过去了，宝宝，妈妈很久没有享受美食啦！不过，尽管胃口变好了，妈妈也不能肆无忌惮地吃。因为，妈妈还要兼顾宝宝的需要呢。

♥ 咦？肚子不知什么时候"长"起来了，看来，宝宝一直在无声无息地长大呢！在饮食方面，本月要注意摄取哪些营养才能让宝宝更好地成长呢？

一、孕4月饮食指导

孕4月，大部分孕妈妈妊娠反应消失，那些因为吃不下东西而担心胎儿营养不足的日子一去不复返了。在本月，恢复胃口的孕妈妈在饮食方面要注意哪些事项呢？

1.早晚进食均衡

有的孕妈妈不吃早餐，晚餐却大量进食，结果造成早晚用餐不平衡，这对孕妈妈和胎儿均不利。

通常人们上午的工作和劳动量较大，需要相应地供给充足的饮食营养，才能保证身体、精神上的需要。而且从前一天晚餐到第二天早晨相距有十几个小时，不但孕妈妈需要营养供给，胎儿也需要营养供给，如果早餐不吃东西，就意味着要再延长4个小时才能给宝宝营养，这样下去，势必对胎儿造成伤害。

值得注意的是，晚餐不必吃得过饱。因为人在晚饭后的活动量较少，很快就进入夜间睡眠，而睡眠时人体对热量和物质消耗较少。如果晚餐进食过多，睡眠时胃肠活动减弱，多吃的食物得不到应有的消化，不但会感觉不舒服，还可能会引发胃肠病。

2.增加主食的摄入量

孕中期，胎儿生长速度开始加快，此时需要增加热量供应，而热量主要从孕妈妈的主食中摄取，如米和面，再搭配吃一些五谷杂粮，如小米、玉米面、燕麦等。如果主食摄取不足，不仅身体所需热能不足，还会使孕妈妈缺乏维生素B_1，出现肌肉酸痛、身体乏力等症状。

3.多摄入优质蛋白质

这一时期，胎儿的器官组织继续生长，体细胞数目持续增多，与此同时，胎儿的个头也在迅速增大，因此需要大量的优质蛋白供应。孕中期的孕妈妈应比孕早期时每天多摄入15克蛋白质，此时孕妈妈的食谱中应增加鱼、肉、蛋、豆制品等富含优质蛋白质的食物量。

4.合理补充矿物质

矿物质是构成人体组织和维持正常生理功能的必需元素，孕妇缺乏矿物质，会导致贫血，出现小腿抽搐、多汗、惊醒等症状，胎儿先天性疾病发病率也会升高。

▲ 早餐吃好，晚餐不必吃得过饱。

▲ 孕妈妈的食谱中应增加瘦肉、蛋等富含优质蛋白质的食物。

因此，孕妇应注意合理补充矿物质。

增加钙的摄入：孕妈妈在孕中期应多食富含钙的食品，如虾皮、牛奶、豆制品和绿叶蔬菜、坚果等。注意不能过多服用钙片及维生素D，否则新生儿易患高钙血症，严重者将影响婴儿的智力。

增加铁的摄入：铁分为血红素铁和非血红素铁两种。血红素铁主要存在于动物血液、肌肉、肝脏等组织中。非血红素铁主要存在于各种粮食、蔬菜、坚果等食物中。

增加碘的摄入：孕妈妈应多食含碘丰富的食物，如海带、紫菜、海蜇、海虾等，以保证胎儿的正常发育。

增加其他矿物质的摄入：随着胎儿发育的加速和母体自身的变化，其他矿物质的需要量也相应增加。孕妈妈要注意均衡饮食，不挑食，才能保证各种矿物质的摄入。

5.常吃苹果

苹果有生津、健脾胃、补心益气、降压、促消化、通便、润肺化痰、止咳等功效，并且苹果富含锌和碘，据测定，熟苹果所含的碘是香蕉的8倍，是橘子的13倍。现代医学研究认为，孕妈妈适量食用苹果，有利于胎儿智力发育，促进顺产，有助于优生优育。

有些孕妈妈到了妊娠中后期，会出现妊娠高血压综合征。苹果含有较多的钾，钾可以促进体内钠盐的排出，对水肿、原发性高血压患者有较好的疗效。据研究，每天吃3个苹果的人，血压维持比较正常。此外，苹果富含纤维素、有机酸，能促进肠胃蠕动，增加粪便体积，使之松软易排出，可有效防治便秘。

不过需要提醒的是，苹果每天食用量不要超过5个，过量食用会损害肾脏。同时，苹果含有发酵糖类，属于较强的腐蚀剂，多食易引起龋齿，食后应及时刷牙或漱口。

▲ 孕期吃苹果，既可补充锌和碘，也有利于胎儿智力发育。

6.选择适合自己的孕妇奶粉

孕妇奶粉是根据孕期特殊的生理需要而特别配制的，能全面满足孕期的营养需求，比鲜奶更适合孕妇饮用。目前，市售的鲜奶大多只强化了维生素A、维生素D和钙元素等营养素，而孕妇奶粉几乎强化了孕妈妈所需的各种维生素和矿物质。比如，孕妇奶粉中的钙元素是普通牛奶的3.5倍，可以为孕妈妈和胎儿提供充足的钙，预防缺钙性疾病。

喝孕妇奶粉，要根据具体情况具体对待。对健康孕妇来说，可以选择添加营养成分比较全面而均衡的奶粉。孕妈妈如果存在缺铁、缺钙等营养缺乏问题，可以着重选择相应营养含量较多的奶粉。如果孕期血脂升高，可以选择低脂奶粉。

切记，如果喝孕妇奶粉就不需要再喝牛奶了。

▲ 孕妇奶粉比普通奶粉更适合孕妇饮用。

二、孕4月饮食红灯：为好"孕"扫除营养障碍

孕4月的孕妈妈好不容易摆脱了妊娠反应，胃口好了，是不是就可以随心所欲地敞开胃口吃了呢？可千万不能这样想。从孕4月开始，孕妈妈在摄取足够营养的同时，也要注意预防孕期肥胖。

1.忌：大量摄入高脂肪食物 ★

脂肪是热量的重要来源，也是构成脑组织极其重要的营养物质，还是脂溶性维生素的良好溶剂。脂肪缺乏，会导致免疫功能低下，易患多种疾病，对胎儿生长发育十分不利。孕中期的胎儿，全身组织尤其是大脑细胞发育速度比孕早期明显加快，需要更充足的脂类营养素，特别是必需脂肪酸、磷脂和胆固醇。

因此，孕妈妈可交替吃一些核桃、松子、葵花子、杏仁、榛子、花生等坚果类食物。这些食物富含胎儿大脑细胞发育所需的必需脂肪酸，是健脑益智食物，可满足孕中期孕妈妈对脂类的需求。同时孕妈妈还要注意增加植物油的摄取，如豆油、花生油、玉米油等，其中含有的必需脂肪酸是脑细胞及中枢神经系统的物质基础。

但也应注意，孕妈妈不宜大量食用高脂肪食物，这是因为：在妊娠期，孕妈妈肠道吸收脂肪的功能有所增强，血脂相应升高，体内脂肪堆积也有所增多。但是，妊娠期能量消耗较多，而糖的储备减少，这对分解脂肪不利，因而常因氧化不足产生酮体，容易引发酮血症。孕妈妈可出现尿中酮体、严重脱水、唇红、头晕、恶心、呕吐等症状。如果孕妈妈长期大量摄入高脂肪食物，还会增加患生殖系统肿瘤的概率。医学专家指出，

▲ 孕期饮食应注意摄取低脂且营养丰富的食物，避免孕期肥胖。

▲ 孕期滋补中药不要滥吃，否则会带来不良影响。

补药的不良影响对胎儿影响更大：妊娠期间，母体内的酶系统会发生某些变化，影响一些药物在体内的代谢过程，使其不易解毒或不易排泄，因而孕妈妈比常人更易出现蓄积性中毒，对母体和胎儿都有害，特别是对娇嫩的胎儿危害更大。例如，孕妈妈如果发生鱼肝油中毒，可引起胎儿发育不良或畸形，有些药物还会引起流产或死胎。当然，也不是对孕期服用滋补药品一律排斥，经过医生检查确实需要服用滋补性药品的孕妈妈，应该在医生的指导下正确合理地服用。

滋补药品浪费钱财：滋补药品的作用被明显地夸大了。孕妈妈即使每天饮用两支人参蜂王浆，由于其滋补成分含量甚少，没有什么特殊成分，也产生不了多大的滋补作用，仅仅是心理上的安慰而已。各种滋补性药品都非常昂贵，孕妈妈长期服用要消耗很多财力，而真正得到的营养补充却不多，实属浪费。

脂肪本身不会致癌，但长期大量吃高脂肪食物会诱发结肠癌。同时，高脂肪食物可促进催乳激素的合成，增加患乳腺癌的概率，对母婴健康十分不利。

2.忌：滥用滋补药品

有些孕妈妈觉得腹中的胎儿所需的营养物质全靠自己供给，"一个人吃，两个人用"，害怕自己营养供给不足，因此便想多吃些滋补药品，希望自己的身体变得更好，以保证胎儿顺利生长发育。然而，孕妈妈滥用补药弊多利少，常常造成事与愿违的后果。

是药三分毒：任何药物，包括各种滋补品，都要在人体内进行分解、代谢，均有一定的毒副作用，包括毒性作用和过敏反应。可以说，没有一种药物对人体是绝对安全的。如果使用不当，即使是滋补性药品，也会对人体产生不良影响，给孕妈妈以及腹中的胎儿带来种种伤害。

三、孕4月明星营养素

孕4月，不少孕妈妈的腹部开始显形，这是因为胎儿长大了，其生长发育的营养需求也在增多。这个月，有哪些明星营养素是孕妈妈要特别注意摄取的呢？

1.铁：人体的造血材料

孕4月，孕妈妈小欣经常感到头晕乏力，特别是蹲下后站起来时真是天旋地转。去医院检查，医生诊断说小欣患有缺铁性贫血，需要补铁。铁是人体必需的微量元素之一，是人体内含量最多，也最容易缺乏的一种微量元素。

● 功效解析

铁是构成血红蛋白和肌红蛋白的原料，参与氧的运输，在红细胞生长发育过程中构成细胞色素和含铁酶，参与能量代谢。孕周越长，胎儿发育越完全，需要的铁就越多。适时补铁还可以改善孕妈妈的睡眠质量。

● 缺乏警示

孕期缺铁会导致孕妈妈患缺铁性贫血，影响身体免疫力，使孕妈妈感觉头晕乏力、心慌气短，并导致胎儿宫内缺氧，干扰胚胎的正常分化、发育和器官的形成，使之生长发育迟缓，甚至造成婴儿出生后贫血及智力发育障碍。

● 每日摄入量

怀孕期间，铁的摄入量要达到孕前的2倍：孕早期每日铁摄入量为15～20毫克，孕晚期每日铁摄入量为35毫克。

● 最佳食物来源

铁主要存在于动物性食品中，如动物肝脏、肉类和鱼类中，这种铁能够与血红蛋白直接结合，生物利用率很高。还有部分铁存在于植物性食品中，如深绿色蔬菜、黑木耳、黑米等，它必须经胃酸分解还原成亚铁离子才能被人体吸收，因此生物利用率低，并不是铁的最佳来源。

● 好"孕"提示

维生素C能促进铁的吸收，所以补铁时宜多进食富含维生素C的新鲜蔬菜和水果，如菜心、西蓝花、青椒、番茄、橙子、草莓、猕猴桃、鲜枣等。

最好用铁锅、铁铲烹调食品，这样可以使脱落下来的铁分子与食物结合，增加铁的摄入量及吸收率。另

▲ 猕猴桃等富含维生素C的食物有助于铁的吸收。

外，在用铁锅炒菜时，可适当加些醋，使铁成为二价铁，促进铁的吸收。

牛奶中的磷、钙会与体内的铁结合成不溶性的含铁化合物，影响铁的吸收。因此，服用补铁剂的同时不宜喝牛奶。

2.膳食纤维：肠胃的清道夫

孕4月的孕妈妈胃口大开，但与此同时，因为孕期不易排出油脂，所以很容易发胖或引起便秘。因此，孕妈妈在平时的饮食中要注意多摄取膳食纤维，以预防孕期肥胖和便秘。

● 功效解析

蛋白质、脂肪、碳水化合物、矿物质、维生素和水是人赖以生存的六大营养素。如今，膳食纤维已被称为"第七营养素"。膳食纤维是食物中不被人体胃肠消化酶分解消化的，且不被人体吸收利用的多糖和木质素，按其溶解度分为可溶性膳食纤维和不可溶性膳食纤维。

膳食纤维属于多糖化合物，一般体积大，食用后能增加消化液分泌和增强胃肠道蠕动；另外，膳食纤维在胃肠内占据较大的空间，因此会使人产生饱腹感，对减肥有利。虽然膳食纤维不能被人体吸收，但可以很好地清理肠胃，刺激肠道蠕动，使粪便变软，对预防大便干燥，改善妊娠期常见的便秘、痔疮等疾病有较好的效果。

此外，膳食纤维在肠道内细菌的作用下逐渐被分解并吸收利用，有助于肠道内大肠埃希菌合成多种维生素；膳食纤维在肠道中和胆固醇的代谢产物胆酸结合，可减少人体对胆酸的吸收，对冠心病、动脉硬化等心血管疾病有良好的预防作用；膳食纤维会加快肠管的蠕动，因此肠道中可能致癌的物质停留的时间也随之减

▲ 谷类、薯类食物中富含膳食纤维。

少，降低患肠癌的可能性；糖尿病孕妈妈多食用高膳食纤维饮食，还可以降低高血糖。

● 缺乏警示

如果孕妈妈缺乏膳食纤维，很容易出现便秘。长期便秘容易引发或加重孕妈妈的痔疮。

● 每日摄入量

孕妈妈每日膳食纤维摄入量以20～30克为宜。一般情况下，建议孕妈妈每天至少食用500克蔬菜和250克水果。

● 最佳食物来源

富含膳食纤维的食物有谷类（特别是一些粗粮）、豆类及蔬菜、薯类、水果等。如果孕妈妈肠胃不好，难以消化谷物、薯类中的膳食纤维，可选用绿叶蔬菜代替。还可以制作蔬果羹，这样在补充膳食纤维的同时，还有开胃健胃的作用。

孕妈妈在加餐时可以多吃一些全麦面包、麦麸饼干、甘薯、菠萝片、消化饼等点心，可以很好地补充膳食纤维，防止便秘和痔疮。

四、孕4月特别关注

孕4月对于绝大多数孕妈妈来说是相对平和的一个月，一方面妊娠反应已经过去，另一方面腹部还未大到影响行动，因此好好享受这个难得的平静期吧！这个月，若有口腔不适，可以及时治疗，同时要注意补充铁元素，以预防缺铁性贫血。

1.口腔不适

孕期是一个特殊的生理时期，由于孕妈妈的内分泌和饮食习惯发生变化、体耗增加等，往往容易引起牙龈肿胀、牙龈出血、蛀牙、口腔异味等口腔疾病。

● 症状及原因

齿为骨之余，为肾所主，足阳明经络于上齿龈，手阳明经络于下齿龈，故牙痛与肾、胃、大肠有关。引起口腔不适的原因不一，有胃火上盛、风火上攻、肾阴不足、寒热刺激及蛀齿等。

① 胃火上盛：症见牙龈肿痛，患侧面颊肿胀，甚则不能嚼食，局部灼热，口苦口臭、便秘、舌红苔黄等。

② 肾阴不足，虚火上炎：症见齿龈微肿、微红，隐痛绵绵，齿摇不固，或兼有牙血，余无特殊。治宜滋阴降火、补肾固齿。

③ 风寒牙痛：症见突然发作，痛连头额、两颊，势如电掣，牙龈不红不肿。其中，若痛有游走，痛如电掣，连及头额、两颊者，是为风痛。

▲ 孕期口腔不适会影响进食，进而导致营养摄入的不足。

④龋齿牙痛：龋齿引起的牙痛也很多见，按龋坏的程度可分为浅龋、中龋和深龋。浅龋龋坏限于釉质或牙骨质，一般无自觉症状，探查时无反应；中龋龋坏侵入牙本质浅层，可有冷、热、酸、甜激发痛和探痛；深龋龋坏侵入牙本质深层，但未穿髓，一般均有激发痛和探痛，无自发痛。

● **饮食调理**

为了顾及孕妈妈口味的改变和爱好，各种酸、甜、苦、辣的食物，孕期都可以酌量食用，但应避免食用过于辛辣的食物，以免肠胃无法负荷。有些孕妈妈吃太多酸、辣或过于生冷的食品，对牙齿没有好处，还会导致剧烈腹泻，严重者还会引发流产。

怀孕期间增加某些营养素的摄入，不仅可以起到保护孕妈妈的作用，使机体组织对损伤的修复能力增强，对胎宝宝的牙齿和骨骼的发育也有帮助。除了充足的蛋白质外，维生素A、维生素D及钙、磷等矿物质的摄入也十分重要。

木糖醇是一种从白桦树或橡树中提取的甜味剂，不含蔗糖，因此不会引起蛀牙。这种口香糖具有促进唾液分泌、减轻口腔酸化、抑制细菌和清洁牙齿的作用。研究发现，坚持每天食用木糖醇含量占50%以上的木糖醇口香糖，可以使蛀牙的发生率减少70%左右。

2.心情烦躁

晚饭过后，孕妈妈小君又因为一件鸡毛蒜皮的小事而大动肝火，把准爸爸气得躲进书房生闷气去了。平静下来，小君才发现近来自己情绪烦躁，特别容易发怒，

这到底是怎么啦？

● **症状及原因**

怀孕时，孕妈妈由于内分泌的变化或妊娠反应，特别容易变得烦躁，经常会因为一些不起眼的小事而对身边的人大动肝火。孕妈妈如果情绪起伏不定，动不动就发火，很不利于胎儿的健康发育。

● **饮食调理**

孕妈妈应多吃一些能开胃健脾、使心情愉悦的食品。例如，枣可以减轻疲劳，健脾开胃，补血养颜；菠菜可以调和身体功能，平衡人体的酸碱度，有助于舒缓孕妈妈的心理压力；胡萝卜不仅可以使心情愉悦，而且还能防止衰老。

在烹调食物时，应注意食物的形、色、味，多变换食物的形状，激起孕妈妈的食欲，通过食物缓解孕妈妈烦躁的心情。但要注意每次进食的量不要过多，宜少食多餐。改善就餐环境也可以帮助转换孕妈妈的情绪，激起孕妈妈的食欲。

● **好"孕"提示**

准爸爸的陪同会使孕妈妈更有安全感，还可以让夫妻共同学习实用的生产经验。孕妈妈平时可尝试从事一些感兴趣的活动，如看书、听音乐等，或与亲友聊聊天。如果忧虑感比较严重，可向专业人员进行咨询，把怀孕时产生的心理问题——列出，以缓解不良情绪。

五、孕4月推荐食谱

从第四个月开始，孕妈妈的妊娠反应减少，胃口也变好了。不过，吃好比吃饱更重要。孕妈妈可以根据自己的情况，合理搭配饮食，以保证营养的均衡摄入。孕4月孕妈妈每日食谱参见表5-1。

表5-1　孕4月孕妈妈每日食谱参考

餐次	时间	饮食参考
早餐	7：00~8：00	豆浆1杯，馒头1个，鸡蛋1个，蔬菜或咸菜适量
加餐	10：00	牛奶1杯，麦麸饼干2片，苹果1个
午餐	12：00~12：30	清蒸鱼100克，地三鲜100克，红白豆腐100克，米饭3两
加餐	15：00	消化饼2片，橘汁1杯
晚餐	18：30~19：00	虾皮烧冬瓜100克，百合莲肉炖蛋1份，猪肝粥1碗，花卷2两

说明

- 早餐在家可以用鲜榨果汁代替豆浆，果汁用冰糖调味或者不加糖。
- 上午的加餐也可以选择吃酸奶布丁。
- 下午的橘汁和消化饼也可换成时令水果或者坚果。
- 晚餐的花卷可以用红豆饭代替。

牛肉炒菠菜

材料： 牛里脊肉50克，菠菜200克，葱末、姜末各3克

调料： 酱油5克，淀粉5克，盐、料酒各适量

做法： ❶ 牛里脊肉切成薄片，用酱油、料酒、淀粉腌好备用；菠菜洗净焯烫沥干，切成段。

❷ 锅置火上，放油烧热，放姜末、葱末煸炒，再放入腌好的牛肉片用大火快炒断生，再放入菠菜段用大火快炒几下，最后放盐调味即可。

♥ **营养解析** 这道菜铁元素含量丰富，有助于预防孕期贫血。另外，牛肉还有补脾胃、益气血、强筋骨等作用。

芝麻圆白菜

材料： 圆白菜半棵，黑芝麻适量

调料： 盐适量

做法： ❶ 圆白菜洗净，切粗丝；小火将黑芝麻炒出香味。

❷ 起锅热油，放入圆白菜，翻炒至熟透发软，加盐调味，撒上黑芝麻即可。

♥**营养解析** 黑芝麻富含钙元素，圆白菜富含叶酸、维生素A和维生素E。这道菜营养丰富且热量低，非常适合孕妈妈孕中晚期食用。

红白豆腐

材料： 豆腐150克，猪血150克，红椒1个，葱末20克，生姜5克

调料： 盐、鸡精各适量

做法： ❶ 豆腐、猪血洗净，切成小块；红椒、生姜切成片。

❷ 锅中加水烧开，下入猪血块、豆腐块焯水后捞出。

❸ 将葱末、姜片、红椒片下入油锅中爆香后，再倒入猪血块、豆腐块稍炒，加入适量清水焖熟后，再加入盐、鸡精调味即可。

♥**营养解析** 猪血味咸性平、无毒，有生血、解毒的功效。豆腐富含大豆蛋白和卵磷脂，能保护血管，降低血脂，降低乳腺癌的发病率，同时还有益于胎儿神经、血管、大脑的发育。

清蒸鱼

材料： 活鱼600克，熟火腿30克，水发香菇、净冬笋各20克，葱段、姜块各适量

调料： 精盐、鸡油、鸡汤、鸡精、胡椒粉、料酒各适量

做法： ❶ 将鱼处理干净，在鱼身两侧剞上花刀，然后在鱼身上撒上少许精盐摆在盘中；香菇、冬笋、熟火腿切成5厘米长的薄片并间隔着摆在鱼身的刀纹内，加葱段、姜块、料酒。

❷ 锅置火上，加水烧沸，将整鱼连盘上笼蒸约15分钟，至鱼肉松软时取出。

❸ 将鸡汤烧沸，加鸡精、鸡油调味，浇在鱼上，撒上胡椒粉即可。

♥营养解析 此菜有益胃、健脾、养血的作用。孕妈妈食用，可缓解体虚亏损的症状。

地三鲜

材料： 茄子1个，土豆1个，青椒2个，蒜蓉10克，葱花5克

调料： 酱油15克，盐、鸡精、料酒、白糖各少许，水淀粉适量

做法： ❶ 茄子洗净，去皮，切成滚刀块；土豆洗净去皮，切成滚刀块，放入清水中浸泡5分钟；青椒去蒂及籽，洗净，切片。

❷ 锅中放油烧热，将土豆块放入炸约2分钟，再放入茄子块，炸至呈金黄色，捞出，控油。

❸ 锅留底油烧热，爆香葱花、蒜蓉，加入茄子块、土豆块、青椒片翻炒，加适量水、料酒、酱油、盐、白糖、鸡精调味，大火烧约1分钟，熟后用水淀粉勾芡即可。

♥营养解析 这道菜富含膳食纤维，有利于预防和缓解孕期便秘。

虾皮烧冬瓜

材料： 冬瓜250克，虾皮3克

调料： 盐适量

做法： ❶ 冬瓜去皮，切块；虾皮洗净。

❷ 锅置火上放植物油烧热，放入冬瓜块翻炒，加入虾皮、水调匀，加盖，烧透加盐入味即成。

> ♥**营养解析** 冬瓜有利水的功效，虾皮富含钙、磷。此菜有助于预防孕期水肿、下肢静脉曲张等症，并可为胎儿的发育提供丰富的营养素。

百合莲肉炖蛋

材料： 百合、莲子肉各50克，鸡蛋2~3个

调料： 冰糖适量

做法： ❶ 将鸡蛋煮熟，去壳待用；将百合和莲子肉洗净。

❷ 将洗净的百合、莲子肉与鸡蛋同放入碗内，加适量冰糖，隔水炖半小时左右即可。

> ♥**营养解析** 这道甜品有清心安神，健脾止泻的功效。

韭菜拌核桃

材料： 韭菜200克，核桃仁60克

调料： 盐适量

做法： ❶ 锅置火上，倒入适量的油烧热，再放入核桃仁炸黄取出备用。

❷ 韭菜切段洗净备用。

❸ 另起油锅，放入韭菜段翻炒，待韭菜呈深绿色时，放入核桃仁，炒熟后用盐调味即可。

> ♥**营养解析** 韭菜富含维生素和膳食纤维，味辛辣，有增进食欲、促进胃肠蠕动的食疗功效，适合食欲不佳或便秘的孕妈妈食用。

第六章

孕5月（17～20周）：
来自胎动的感动

The Fifth Month of Pregnancy:
Touched by Fetal Movement

💜 那天晚上临睡前，腹部突然跳了两下，我惊喜地叫了起来，把躺在一边的老公吓了一跳。肚里的小人儿终于以最直接的方式宣告他的存在了！宝宝，以后妈妈可以跟你对话了吧？这是多么令人兴奋、令人期待的事情啊！

💜 腹部一天比一天隆起，走在任何场所，我都能骄傲地告诉全世界我是个孕妇了！宝宝的生长发育如此迅速，需要的营养应该更多了吧！据了解，这个月我的身体血容量增加到了原来的140%，急需制造血红蛋白的铁元素和蛋白质。这个月我每天的膳食中必须保证钙、铁、蛋白质、维生素A、维生素C、胡萝卜素等的摄入量。嗯，我会好好地、科学地饮食的。

一、孕5月饮食指导

孕5月是整个孕期中比较轻松的一个月，经过孕4月的调整，即便是妊娠反应强烈的孕妈妈，体重也会恢复和增加。此刻，胃口大开的孕妈妈在饮食上要怎么调整，才能既营养丰富又不致发胖呢？

1.孕5月饮食原则

孕妈妈可每天分4～5次饮食，既能补充营养，也可改善因吃得太多而胃胀的感觉。为配合胎儿的生长发育，孕妈妈要重视加餐和零食的作用，红枣、板栗、花生和瓜子都是加餐很好的选择，可以换着吃，满足口味变化的需要。

适量吃动物内脏，因为它们不仅含有丰富的优质蛋白质，而且还含有丰富的维生素和矿物质。本月，孕妈妈对维生素、矿物质、微量元素等的需要明显增加。为此，孕妈妈至少每周一次选食一定量的动物内脏。这个月，孕妈妈可以在医生的指导下服用鱼肝油以补充维生素A和维生素D。

2.平衡饮食，预防肥胖

虽然此时孕妈妈正处于胃口大开的阶段，但饮食上也不能过于放纵，尤其应注意从营养角度出发，在三餐的"质"上下功夫，保证各种营养素的平衡摄取，而不要因为有胃口就胡吃海喝。在饮食方面，最好按以下的要求来做：

◎ 少食多餐，避免暴饮暴食，更不必为了孩子采取所谓的饭量"1+1"。

◎ 每日各种营养素的供给要均衡，保持适当的比例，既不要过多，也不可过少。

▲ 从这个月起，孕妈妈要重视饮食的质量，预防肥胖。

◎ 不能挑食和偏食，食物要多样化，否则容易造成母婴营养不良。

◎ 增加蔬菜、水果的摄入量，这样可以预防便秘的发生。

◎ 吃饭时要细嚼慢咽，这样有利于营养物质的吸收，也能有效控制食量。

3.食用"完整食品"

"完整食品"即未经过细加工或经过部分加工的食品，其所含营养尤其是微量元素更丰富，多吃这些食品可保证对孕妇和胎儿的营养供应；相反，经过细加工的精米精面，所含的微量元素和维生素多已大量流失。有的孕妈妈长期只吃精米精面，很少吃粗粮，这样容易造成孕妇和胎儿微量元素、维生素的缺乏。

4.坚持"四少"原则

准爸爸在给孕妈妈准备饮食时，一定要坚持"四少"原则，即少盐、少油、少糖、少辛辣刺激。

少盐：孕妈妈食用的菜和汤中要少放盐和酱油，同时也要少吃用盐腌制的食品，每日用盐量不要超过6克。盐摄入过多，会增加肾脏负担，引发妊娠水肿和原发性高血压等疾病。

少油：烹调食物时多用油，虽然可以增添口味，但会令食物油腻不容易消化，使孕妈妈产生腹胀或便秘等问题，还会在孕妈妈体内蓄积脂肪，所以烹调食物时应控制放油量，每日烹调用油不要超过20克。

少糖：孕妈妈的饮食中不宜多加糖，一方面是由于孕妈妈饭量已经增加，再多加糖会导致饭后血糖更高，容易引发妊娠糖尿病；另一方面，由于孕期易缺钙，高糖更容易引起龋齿等牙齿损伤。

少辛辣刺激：红干椒、芥末等辛辣刺激性调味料要尽量少用，它们容易刺激肠胃，引起腹泻等肠胃不适症状。

5.根据个人口味采取相应的替代方案

有些孕妈妈可能会挑食，比如不爱吃蔬菜或者不爱吃蛋类等，这时要想办法采取相应的替代方案以达到平衡营养。

● 不爱吃蔬菜的孕妈妈的饮食替代方案

蔬菜中含有多种人体必需的营养物质，不爱吃蔬菜的孕妈妈可能会缺乏各种维生素、纤维素以及微量元素。建议这类孕妈妈在日常饮食中适当增加以下食物的摄入量，以补充易缺乏的营养。

日常饮食中多吃富含维生素C的食物：蔬菜富含维生素C，不爱吃蔬菜的孕妈妈可在两餐之间多吃一些富含维生素C的水果，如橙子、草莓、猕猴桃等，也可以榨成新鲜的果汁食用。

早餐增加一份燕麦：燕麦富含铁、B族维生素及纤

▲ 孕妈妈的饮食要少盐、少油、少糖、少辛辣刺激。

▲ 不爱吃蔬菜的孕妈妈可以喝富含维生素C的新鲜果汁。

▲ 蛋类富含胎宝宝发育所需的营养，不爱吃蛋的孕妈妈要采用相应的替代方案。

维素，可以将其加在早餐的牛奶里。此外，也可以吃些全谷物及坚果。

● **不爱吃蛋的孕妈妈的饮食替代方案**

蛋类，比如鸡蛋、鸭蛋、鹅蛋、鸽子蛋、鹌鹑蛋等，都是优质蛋白质（氨基酸组合良好）的来源，其利用率很高。蛋中的脂肪绝大部分含于蛋黄中，而且分散成小颗粒，很容易被吸收。蛋黄中还含有丰富的钙、

铁、维生素A、维生素B_1、维生素B_2、维生素D以及磷质等。不爱吃蛋的孕妈妈可能会缺乏以上营养元素。因此，在日常饮食中尤其要注意补充这类易缺乏的营养素。

喝点醋蛋液：鸡蛋不仅含有丰富的蛋白质，而且还包括人体不能自行合成的8种必需氨基酸、多种维生素及一些微量元素。不喜欢吃蛋的孕妈妈可以食用蛋的替代品，如醋蛋液。

二、孕5月饮食红灯：为好"孕"扫除营养障碍

孕5月的准妈妈可以好好享受好胃口带来的好心情了。不过，享受归享受，千万不要无所节制地胡乱饮食。在本月，孕妈妈要注意哪些饮食禁忌呢？

1.忌：喝长时间熬煮的骨头汤

不少孕妈妈爱喝骨头汤，而且认为熬汤的时间越长越好，不但味道好，滋补身体也更有效。其实这种做法是错误的。

动物骨骼中所含的钙元素是不易分解的，不论多高的温度，也不能将骨骼内的钙元素溶化，反而会破坏骨头中的蛋白质。肉类脂肪含量高，而骨头上总会带点儿肉，熬的时间越长，熬出的汤中脂肪含量也会更高。因此，熬骨头汤的时间过长不但无益，反而有害。

熬骨头汤的正确方法是用压力锅熬至骨头酥软即可。这样，熬的时间不会太长，汤中的维生素等营养成分损失也会不大，骨髓中所含磷等矿物质也可以被人体吸收。

2.忌：营养过剩 ★

孕早期，不少孕妈妈因为害喜而吃不下东西，到了本月，大部分孕妈妈胃口开始变好，于是有意识地增加营养的摄入，不过凡事过犹不及，营养过剩和营养不良一样有危害。

如果孕妈妈摄入过多营养，产生的热能超过人体需要，多余的热能就会转变成脂肪，堆积在体内，久而久之就会导致肥胖，而肥胖者是原发性高血压、心血管病、糖尿病的好发人群。除此之外，脂肪摄入过多，还会引起高脂血症、高胆固醇血症等疾病，这些与脑中风、动脉粥样硬化有直接关系，而且还可能导致脂肪肝

等。如果孕期出现的肥胖在产后没有消除，就会形成生育性肥胖，可能会一直伴随终身。

营养过剩还易发生妊娠期糖尿病。糖尿病发病的原因之一就是分泌胰岛素的胰腺负担过重，导致胰岛素的分泌量相对或绝对不足。怀孕期间，由于孕妈妈要负担母婴两个人的代谢，所以对胰岛素的需求量有所增加，如果孕妈妈进食碳水化合物或脂肪过多，血液里的葡萄糖和血脂含量过高，就会加重胰腺的负担，容易患上妊娠期糖尿病。

如果孕妈妈身体肥胖，会因为过多的脂肪占据骨盆腔，使骨盆腔的空间变小，增加胎儿通过盆腔的难度，使难产率和剖宫产率增高。

某些营养物质的过度摄取也会导致不良后果，如钙摄入过多容易造成肾结石；钠摄入过多可导致高血钠，容易引起原发性高血压；维生素A、维生素D过量摄入会引起中毒；碘过量摄入可致高碘性甲状腺肿、甲状腺功能亢进等。

▲ 孕期肥胖会带来许多不良影响，孕妈妈切记不要过度摄入营养。

三、孕5月明星营养素

孕5月，胎宝宝的骨骼、牙齿、五官等都开始成形了，除了继续保证蛋白质、钙、脂肪等基本营养素的供应之外，在本月，孕妈妈要加强维生素C的摄入，并且要开始为胎宝宝的出生储备牛磺酸了。

1.维生素C：有效提高免疫力

爱美的女性都知道这句口号——"多C多漂亮"，不过，维生素C对于孕妈妈的意义可不仅仅是带来漂亮那么简单。

● 功效解析

维生素C是一种水溶性维生素，为人体所必需，由于它具有防治坏血病的功效，因而又被称为抗坏血酸。抗坏血酸对酶系统具有保护、调节、促进和催化的作用。

维生素C可以提高白细胞的吞噬能力，从而增强人体的免疫能力，有利于组织创伤更快愈合。

维生素C还能促进淋巴细胞的生成，提高机体对外来和自身恶变细胞的识别和灭杀。同时它还参与免疫球蛋白的合成，保护细胞及肝脏，具有解毒的作用。

维生素C能保证细胞的完整性和代谢的正常进行，提高铁、钙和叶酸的利用率，促进铁的吸收，对改善缺铁性贫血有辅助作用；可加强脂肪和胆固醇的代谢，预防心血管扩张和动脉硬化。

维生素C能促进牙齿和骨骼生长，防止牙龈出血，还能增强机体对外界环境的应激能力。

维生素C对胎儿的骨骼和牙齿发育、造血系统的健全和机体抵抗力的增强都有促进作用。

● 缺乏警示

维生素C的缺乏会影响胶原的合成，使创伤愈合延缓，毛细血管壁脆弱，引起不同程度的出血。如果孕妈妈体内严重缺乏维生素C，可使孕妈妈患坏血病，还会引起胎膜早破，增高新生儿的死亡率，引起新生儿低体重、早产等情况。

● 每日摄入量

维生素C是人体需要量最多的一种维生素。成人每日供给80~90毫克维生素C就能够满足需要，孕妈妈在此基础上需要再增加20~40毫克。孕早期每日宜摄入100毫克，孕中期和孕晚期每日摄入均为130毫克。

● 最佳食物来源

人体自身不能合成维生素C，必须从膳食中获取。维生素C主要存在于新鲜的蔬菜和水果中，水果中的酸枣、猕猴桃等含量最高；蔬菜以番茄、辣椒、豆芽含量最高。蔬菜中的维生素C，叶部比茎部含量高，新叶比老叶含量高，有光合作用的叶部含量最高。

2.牛磺酸：胎宝宝眼部健康的守护者

胎儿体内合成牛磺酸以及肾小管细胞重吸收牛磺酸的能力均较差，如没有外源供应，有可能发生牛磺酸缺乏。营养学家建议通过母体向胎儿及婴儿补充牛磺酸，因此，孕妈妈和产后妈妈补充牛磺酸是非常必要的。

● 功效解析

牛磺酸是一种氨基酸，以游离形式普遍存在于动物的各种组织内。

在人类的视网膜中，存在大量的牛磺酸，它能提高视觉功能，促进视网膜的发育，保护视网膜。研究表明，眼睛的角膜有自我修复能力，而牛磺酸可以强化角膜的自我修复能力，对抗眼疾。由此可见，牛磺酸对于预防眼科疾病和保护眼睛健康是非常重要的。

此外，牛磺酸能够促进中枢神经系统发育，对脑细胞的增殖、移行和分化起着促进作用。

牛磺酸与胆汁酸结合形成牛磺胆酸，影响消化道对脂类的吸收。牛磺胆酸也能增加脂质和胆固醇的溶解性，促使体内多余的脂肪排出体外，从而有利于预防孕期肥胖。

● **缺乏警示**

当视网膜中的牛磺酸含量降低时，视网膜的结构和功能都可能出现紊乱，这对宝宝视力发育极为不利。

● **每日摄入量**

孕妇和产妇牛磺酸最佳日补充量为20毫克。

● **最佳食物来源**

牛肉、动物内脏、牡蛎、青花鱼、蛤蜊、沙丁鱼、墨鱼、虾、奶酪等食物中均含有牛磺酸。

四、孕5月特别关注

孕期总是甜蜜中带着一丝烦恼。在本月，虽然准妈妈已经不必再为胃口而担忧，但总有一些新的孕期状况又会降临。一些孕妈妈会惊讶地发现自己的脸上长出了难看的妊娠斑，夜里睡觉会突然腿部抽筋等。

1.妊娠斑

孕5月的某天，孕妈妈晓燕忽然发现自己的脸上长出了难看的蝴蝶斑，这难道就是传说中的妊娠斑？天哪，这些斑什么时候才能消失啊？可以通过调理使之淡化吗？

● 症状及原因

本月大部分孕妈妈乳头、乳晕、腹部正中等部位的皮肤颜色会加深，也有部分孕妈妈在怀孕4个月后脸上会长出黄褐斑或雀斑，还有蝴蝶形的蝴蝶斑。这些在怀孕期间长出的色斑被称为"妊娠斑"，主要分布在鼻梁、双颊、前额等部位。如果怀孕之前就有斑点，那么孕期无疑会加重。

妊娠斑是由于孕妈妈激素变化促进色素沉着而造成的，孕妈妈不必太过担心。正常情况下，产后3～6个月妊娠斑就会自然消失。

● 饮食调理

孕妈妈应多摄取含优质蛋白、维生素C、B族维生素丰富的食物。

多吃能直接或间接合成谷胱甘肽的食物，如番茄、洋葱等。这些食品不仅可减少色素的合成和沉积，还可使沉着的色素减退或消失。

食用含硒丰富的食物，如蚕蛹、田鸡、鸡蛋白、动物肝肾、海产品、葡萄干等。硒是谷胱甘肽过氧化物酶的重要成分，不仅有预防和治疗黄褐斑的功能，还有抗癌作用。

多吃富含维生素C的食物，如鲜枣、柑橘、柠檬、绿色蔬菜等。维生素C能抑制皮肤内多巴醌的氧化作用，使深色氧化型色素还原成浅色氧化型色素。

常吃富含维生素E的食物，如圆白菜、花菜、海藻、豆类等。维生素E可阻止过氧化脂质的形成，减缓皮肤的衰老。

忌食姜、葱、红干椒等刺激性食物。

▲ 长妊娠斑是爱美的孕妈妈非常惧怕的事情。

● 好"孕"提示

注意防晒，尽量避免阳光直射，外出时记得戴上帽子和遮阳伞，随时涂防晒霜。不要用碱性肥皂清洗皮肤，以防皮肤干燥。保证充足的睡眠，保持精神愉快。

2.腿部抽筋

进入孕中期后，孕妈妈小琴经常在睡梦中因为腿部抽筋而痛苦地醒来，抱着小腿大声呻吟。三番五次之后，准爸爸也如惊弓之鸟，只要小琴晚上睡觉突然醒来，准爸爸立刻跳起来，一手按住小琴的膝盖，另一只手将其小腿拉直……

● 症状及原因

孕妇腿部抽筋常发生在孕中期，通常孕5月的准妈妈较常出现。抽筋的原因为孕妈妈子宫变大，下肢负担增加，导致下肢血液循环不良，从而引起抽筋。寒冷也可能引起抽筋。

抽筋常发生在夜晚睡梦时分，这是由不当的睡眠姿势维持过久所致。若孕妇体内的钙元素或矿物质不足，或体内钙、磷比例不平衡，会使得体内电解质不平衡，也容易引起抽筋。

● 饮食调理

孕妈妈要保持营养均衡，多摄入高钙食物，如奶制品、豆制品、鸡蛋、海带、黑木耳、鱼虾等，同时补充一定量的钙制品。维生素D能调节钙磷代谢，促进钙吸收。孕妈妈除了服用维生素D片剂外，也可通过晒太阳的方式在体内合成维生素D。另外，适量补充镁元素也可改善抽筋症状。

● 好"孕"提示

孕妈妈平时要注意适当休息，避免腿部过度疲劳，做好腿部保暖，可进行局部按摩、热敷。睡觉时最好采用左侧卧位，睡前把脚垫高，以维持血液回流较佳的状态，这样可预防腿部抽筋。当腿部抽筋发生时，可平躺将腿部伸直，脚跟抵住墙壁；也可以请人协助，一手按住孕妇的膝盖，另一手从腿肚往足部方向推，以拉直小腿；或是孕妇站立扶好，腿部伸直，脚跟着地拉伸腿部肌肉。

3.羊水异常

有的孕妈妈在做产检时，医生可能会告诉你羊水过多或过少。羊水异常，除了遵照医嘱进行相应的治疗外，在饮食上也要做相应的调整。

● 症状及原因

羊水异常是指羊水过多或过少。正常情况下，羊水会随妊娠月份的递增而逐渐增加，一般到34周时可达1000～1500毫升，以后再逐渐减少。一旦羊水的产生与消退失去平衡，就会引起羊水过多或羊水过少等异常现象。胎儿足月时，正常羊水量约1000毫升左右，如果超过2000毫升则为羊水过多，少于300毫升为羊水过少。

羊水过多的孕妈妈可能会感到心悸、气喘、无法平卧，还可能因腹腔压力高、静脉回流受阻而出现外阴及下肢水肿、下肢静脉曲张。急性羊水过多时常并发妊娠性原发性高血压，极易发生早产、胎膜破裂等情况。羊水过多的具体原因不明，很可能与胎宝宝畸形（如无脑儿、脊柱裂、消化道畸形、食管或小肠闭锁等）或妊娠性糖尿病、双胞胎、胎宝宝过大、母婴血型不合等因素

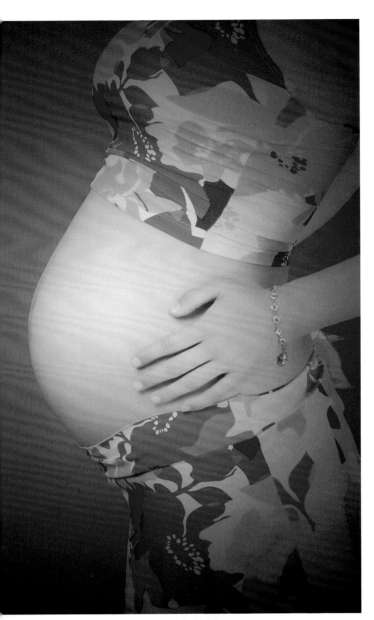

▲ 羊水异常是指羊水过多或过少。

有关。

羊水过少时，子宫周围的压力直接作用于胎宝宝，可导致胎宝宝发生肌肉畸形、畸足。有时子宫直接压迫胎宝宝胸部，可使胎宝宝肺部发育不全，也可导致孕妈妈羊水黏稠，产道润滑不足，甚至还会使胎宝宝在分娩过程中下降受阻，使产程延长，增加胎宝宝死亡率。羊水过少发生在妊娠中期时，常预示着胎宝宝发育异常，尤其是胎宝宝泌尿系统的异常或合并宫内感染或染色体畸形等；发生在妊娠晚期时，可能预示着胎盘功能降低，胎宝宝宫内缺氧。

● **饮食调理**

羊水过多或过少都要遵医嘱进行治疗。生活调养方面，羊水过多时，孕妈妈要注意低盐饮食，适当减少日常的饮水量，多吃酸食，少吃甜食，多卧床休息；羊水过少时，除了要大量补水外，孕妈妈还可以通过适量吃西瓜、喝豆浆或牛奶来改善状况。

五、孕5月推荐食谱

孕期既要保证母婴营养充足，又要防止孕妈妈发生肥胖。因此，孕妈妈必须合理进食，膳食要多样化，全面保证摄入各种必需的营养成分，满足能量的需要。孕5月孕妈妈每日食谱可参见表6-1。

表6-1 孕5月孕妈妈每日食谱参考

餐次	时间	饮食参考
早餐	7：00~8：00	乌鸡糯米葱白粥1碗，豆包1个，煮鸡蛋1个
加餐	10：00	酸奶1杯，时令水果适量
午餐	12：00~12：30	蒜蓉空心菜100克，黑木耳娃娃菜100克，鱼头豆腐汤1碗，米饭3两
加餐	15：00	牛奶1杯，坚果适量
晚餐	18：30~19：00	桂花糯米糖藕100克，炒虾仁100克，香菇油菜100克，面条1碗

说明

◉ 果蔬最好选择时令的，营养相对更丰富且有利于健康。
◉ 午餐的黑木耳娃娃菜可以换成黑木耳炒鸡蛋，空心菜也可以换成别的时蔬。
◉ 晚餐的面条可以换成其他主食。

水果沙拉

材料： 苹果、小番茄、橘子、香蕉、生菜叶各适量

调料： 沙拉酱、鲜奶油、柠檬汁各适量

做法： ❶ 将苹果洗净切块，小番茄洗净对切，橘子剥开成瓣，香蕉去皮切块，将上述水果混合拌好；生菜叶洗净待用。

❷ 在小盘里用生菜叶垫底，上面放拌好的水果块，再将鲜奶油、柠檬汁倒入沙拉酱内拌匀，淋在水果块上即可。

牛奶燕麦粥

材料： 燕麦片50克，牛奶250毫升

调料： 白糖1大匙

做法： ❶ 将牛奶倒入奶锅中，中火烧开，倒入燕麦片，不停地搅拌，煮2分钟。

❷ 在牛奶燕麦粥中放入白糖搅匀即可。

♥**营养解析** 水果沙拉可根据口味选用多种水果搭配，是补充维生素C的极好途径。

♥**营养解析** 燕麦是一种高蛋白、低脂肪的谷类保健食物，其B族维生素的含量非常丰富，有降血糖、保护心血管、预防便秘等功效，加入牛奶，可以使口感更润泽，营养更全面。

毛豆炒虾仁

材料： 虾仁500克，鲜毛豆150克，胡萝卜丁50克，鸡蛋清少许，葱、姜末各适量

调料： 盐、鸡精、胡椒粉、料酒、水淀粉、食用油、干淀粉各适量

做法： ❶ 将虾仁去沙线，加葱末、姜末、盐、鸡精、胡椒粉、料酒，拌匀腌一下，再拌入蛋清及干淀粉。

❷ 锅内放油少许，将毛豆速炒后，放入虾仁、胡萝卜丁翻炒，加鸡精、盐、水淀粉、料酒，烧滚后翻炒均匀即可。

> **♥营养解析** 毛豆含有调节大脑和神经组织的重要成分钙、锌、锰等，并含有丰富的胆碱，有利湿消肿、增强记忆力的作用；虾仁含有丰富的蛋白质和微量元素，并且肉质柔软，易于吸收。二者搭配食用能给孕妈妈提供丰富的营养。

莲子百合煨瘦肉

材料： 莲子50克，百合50克，猪瘦肉250克，葱、姜各适量

调料： 食盐、料酒、鸡精各适量

做法： ❶ 将莲子去心、洗净；百合洗净；猪瘦肉洗净，切成长宽约4厘米、厚约0.5厘米的块。

❷ 将莲子、百合、猪瘦肉块放入锅内，加水适量，再加入葱、姜、食盐、料酒，用大火烧沸后，改用小火煨炖1小时后加少量鸡精调味即成。

> **♥营养解析** 这道菜有益脾胃、养心神、润肺肾、止咳嗽的食疗功效，适用于孕妇心脾不足引起的心悸、失眠、胎动不安、失眠多梦以及肺阴虚、肺燥热引起的低热、咳嗽、少痰、无痰等症。

黄豆芽拌海带

材料： 鲜海带300克，黄豆芽100克，蒜2瓣，红干椒2个，葱小半根，姜1个

调料： 醋1大匙，盐、酱油、香油、白糖各1小匙，鸡精适量

做法： ❶ 将鲜海带洗净，切成细丝，在沸水中余烫熟，放到盘子里。

❷ 黄豆芽洗净，放到沸水中余烫熟，捞出沥干水，放到海带上面。

❸ 大蒜去皮洗净捣成蒜泥，姜去皮洗净切丝，红干椒洗净切成丝，将三者放入小碗中；葱洗净切成葱花，撒在黄豆芽上。

❹ 锅内倒入香油烧热，浇在装有蒜泥、姜丝、红干椒丝的小碗内爆香，加入盐、酱油、鸡精、白糖、醋调成芡汁。

❺ 将芡汁浇在黄豆芽和海带上拌匀即可。

♥营养解析 黄豆芽性寒味甘，含有丰富的蛋白质、脂肪和维生素C，同时还含有较多的纤维素，海带与其搭配食用，能够满足孕妈妈对碘、蛋白质和维生素等营养的需求，还能起到乌发、润肤等美容效果。

虾皮烧西蓝花

材料： 西蓝花1朵，虾皮25克，葱末、姜末各适量

调料： 花生油30毫升，香油10毫升，食盐、酱油、黄豆芽汤及水淀粉各适量

做法： ❶ 将西蓝花掰成小朵，洗净，放入沸水锅内焯透捞出，放入凉水内浸凉，控干水分。

❷ 将锅置火上放入花生油烧热，将用水泡后淘干的虾皮稍炸，放入葱末、姜末、食盐、酱油，再倒入西蓝花，最后加入适量豆芽汤。

❸ 大火烧开后用小火煨透，以水淀粉勾芡，淋香油盛盘即可。

♥营养解析 西蓝花中维生素C的含量非常丰富，几乎是番茄的4倍；虾皮富含钙质。这道菜有助于改善血管的脆性，减轻肿胀的不适，适合孕期有鼻黏膜充血、出血症状的孕妈妈食用。

彩椒炒腐竹

材料： 彩椒150克，腐竹70克，葱末少许

调料： 盐、鸡精、香油各1小匙，水淀粉2小匙

做法： ❶ 将彩椒洗净，切菱形片；腐竹水发后切段。

❷ 锅中倒入油烧热，放入葱末炒香，加入彩椒、腐竹翻炒，再加入盐、鸡精调味，用水淀粉勾芡，最后淋香油出锅即可。

山药蛋黄羹

材料： 山药50克，鸡蛋2个

做法： ❶ 将山药去皮洗净切块，研成细粉，用凉白开水调成山药浆；鸡蛋打散。

❷ 将山药浆倒入锅内，置小火上，不断用筷子搅拌，煮沸后加入鸡蛋液，继续煮熟即可。

♥ 营养解析 腐竹含钙量很丰富，彩椒则含有大量的维生素C，可以促进钙的吸收。孕期食用此道菜可以促进胎儿骨骼发育。

♥ 营养解析 蛋黄中含铁和卵磷脂较多；山药含有蛋白质、碳水化合物、维生素、脂肪、胆碱、淀粉酶等成分，还含有碘、钙、铁、磷等人体不可缺少的无机盐和微量元素。此菜能健脾和中、固肠止泻，适用于孕中期脾气不足、乏力少气等症。

第七章

孕6月（21~24周）："孕"味十足

The Sixth Month of Pregnancy:
A Proud Pregnant Mommy

♥ 宝宝越来越活泼了，有时候，我的腹部会连续地起伏，难道是宝宝在翻跟斗？有时候，我的肚皮某个地方鼓起来了，我用手一摸，哇，宝宝的小手手被妈妈摸到了。咦，那边又鼓起来了，是宝宝在蹬他的小脚丫呢。

♥ 最近体重增长很快，医生嘱咐我要合理饮食，控制体重。除此之外，医生还建议我加大铁元素的摄入量，以防止妊娠期贫血，同时要保证钙的摄入量。

♥ 镜子里，圆滚滚的肚皮显得"孕"味十足。赶紧去照相馆留个影吧，以后好给宝宝说：看，你现在还在妈妈肚子里呢。

一、孕6月饮食指导

孕6月的准妈妈，绝大多数已是大腹便便、孕味十足了。从本月开始，许多孕妈妈会发现自己的腹部每天都有变化，因为从本月开始，胎儿进入了快速生长期。在营养方面，光靠储备是远远满足不了母子需要的。那么，在饮食方面，本月要注意哪些方面呢？

1.孕6月饮食原则

进入孕6月后，孕妇和胎儿的营养需求猛增，许多

▲ 从孕6月开始，胎儿生长所需要的钙量明显增加。

孕妇从这个月开始发现自己贫血。因此，本月要特别注意铁元素的摄入，多吃富含铁的菜、蛋和动物肝脏等，以防止发生缺铁性贫血。此外，仍要保证营养均衡全面，使体重正常增长。孕中期不要吃得过咸，以免加重肾脏负担或促发妊娠期高血压。

2.适当增加奶类食品的摄入量

孕20周后，胎儿的骨骼生长速度加快；孕28周后，胎儿骨骼开始钙化，仅胎儿体内每日需沉积约110毫克钙。如果孕妈妈钙的摄入量不足，不仅胎儿容易出现发育不良等多种问题，母亲产后的骨密度也会比同龄非孕妇女降低16%，并且孕期低钙饮食也会增加发生妊娠高血压综合征的危险。

奶或奶制品富含钙，同时也是蛋白质的良好来源。专家建议，孕妈妈从孕20周起，每日至少饮用250毫升的牛奶，也可摄入相当量的乳制品，如酸奶、乳酪、奶粉、炼乳等。如果是低脂牛奶，要加量饮用至450～500毫升。

3.适当摄取胆碱含量高的食物

对于孕妈妈来说，胆碱的摄入量是否充足会直接影响到胎宝宝的大脑发育。有研究发现，从孕25周开始，主管人类记忆的海马体开始发育，并一直持续到宝宝4岁。如果在海马体发育初期，孕妈妈胆碱缺乏，会导致胎宝宝的神经细胞凋亡，新生脑细胞减少，进而影响到大脑发育。尽管人体可以合成胆碱，但由于女性在孕期、哺乳期对胆碱的需求量会增加，所以，专家建议孕妈妈注意适当摄取含胆碱的食物，进行额外补充。

胆碱的最佳食物来源是：动物肝脏、鸡蛋、红肉、奶制品、豆制品、花生、柑橘、土豆等。

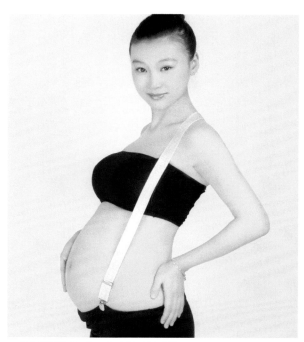

▲ 孕妈妈要适当吃一些含胆碱的食物。

4.热量摄取因人而异

　　一般来说，孕6月的孕妈妈每日的热量需求量要比孕早期增加200千卡（1千卡=4184焦），但每位孕妈妈的热量需求是因人而异的。

　　一是因为孕妈妈的生活状况不一样，如有的孕妈妈在家全天待产，不怎么运动，而有的孕妈妈依然每天参加工作，做一定量的运动；二是每个孕妈妈体重增长的状况也不一样，热量的摄取应是根据自身体重的增长状况来进行，而非盲目地遵循专家或者相关书籍上给的数据。一般来说，孕妈妈的体重增长速度以每周增长0.3～0.5千克比较适宜，低于0.3千克或者高于0.5千克，就要适当调整热量的摄取。

▲ 孕妈妈要根据自身情况摄取相应的热量。

二、孕6月饮食红灯：为好"孕"扫除营养障碍

不少孕妈妈从本月开始发胖，如不加注意的话，会大大增加患妊娠期糖尿病和妊娠期高血压疾病的概率。在本月，孕妈妈需要注意哪些饮食禁忌呢？

1.忌：用饮料代替白开水

研究证明，白开水是补充人体体液的最好物质，它最有利于人体吸收，又极少有毒副作用。而各种果汁、饮料(特别是市售饮料）都含有较多的糖、添加剂及大量的电解质，这些物质能较长时间在胃里停留，会对胃产生不良刺激，不仅直接影响消化和食欲，而且会影响肾功能。摄入过多糖分还容易引起肥胖。因此，孕妈妈不宜用饮料代替白开水。

2.忌：吃东西时狼吞虎咽

孕妈妈进食是为了充分吸收营养，保证自身和胎儿的需要。吃东西时狼吞虎咽，食物未经充分咀嚼就进入

▲ 饮料不利于消化且易引起肥胖。

胃肠道，与消化液接触的面积会大大缩小，相当一部分营养成分无法被吸收，这就降低了食物的营养价值。同时，狼吞虎咽也会使消化液分泌减少。人体将食物的大分子结构变成小分子结构，是靠消化液中的各种消化酶来完成的。慢慢咀嚼食物引起的胃液分泌，比食物直接刺激胃肠引起的胃液分泌要多，且含酶量高，咀嚼时间长，对人体吸收利用食物营养更为有利。

食物咀嚼程度不够，还会加大胃的负担、损伤消化道黏膜，易患肠胃病。同时，狼吞虎咽极容易导致饭量大增，从而引发肥胖症。

3.忌：长期摄取高糖 ★

医学专家发现，血糖偏高的孕妈妈生出体重过高胎儿的可能性、胎儿先天畸形的发生率分别是血糖偏低孕妈妈的3倍和7倍。孕妈妈在妊娠期间肾的排泄功能根据个体情况均有不同程度的降低，血糖过高会加重肾脏的负担，不利于孕期保健。

4.忌：大量吃盐

女性在怀孕期间吃过咸的食物，会导致体内钠滞留，易引起水肿和原发性高血压，因此孕妈妈不宜多吃盐。但是，一点儿盐都不吃对孕妈妈也没有益处，适当少吃盐才是正确的。

忌盐饮食是指每天摄入的氯化钠不超过2克，而正常进食每天会带给人体8～15克氯化钠，其中1/3由主食提供，1/3来自烹调用盐，另外1/3来自其他食物。无咸味的提味品可以使孕妈妈逐渐习惯忌盐饮食，如新鲜番茄汁、无盐醋渍小黄瓜、柠檬汁、醋、无盐芥末、香菜、大蒜、洋葱、葱、韭菜、丁香、香椿、肉豆蔻等，也可食用全脂或脱脂牛奶以及低钠酸奶等。

▲ 新鲜番茄汁、大蒜等无咸味的提味品可使孕妇逐渐习惯忌盐饮食。

孕妈妈若出现以下情况，应及时忌盐：

① 患有某些与妊娠有关的疾病（心脏病或肾病），必须从妊娠一开始就忌盐。

② 孕妈妈体重增加过快，同时出现水肿、血压增高、妊娠中毒症状，都应忌盐。

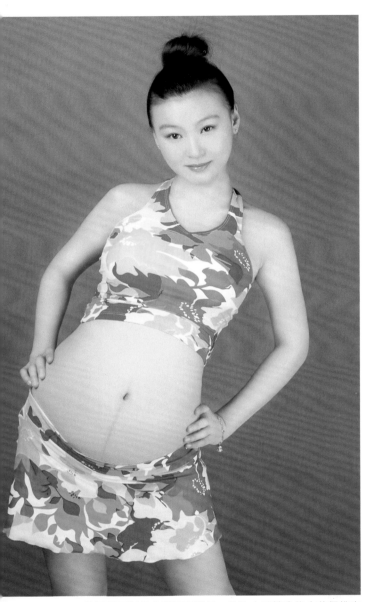

▲ 孕妈妈可以从肉类和肉制品、动物内脏等食物中获得维生素B_{12}。

三、孕6月明星营养素

　　孕6月的准妈妈，要特别注意预防贫血和缺钙。因此，本月要介绍的明星营养素是具有造血功能的维生素B_{12}和促进钙吸收、骨骼增长的维生素D。

1.维生素B_{12}：具有造血功能的维生素

　　孕妈妈佳音是素食主义者，基本不吃肉食。最近，她总是感觉疲劳、恶心，甚至出现体重减轻状况。这是怎么回事呢？孕早期早已过去了，怎么还会出现这些妊娠反应呢？医生对佳音做了微量元素检测，发觉佳音体内严重缺乏维生素B_{12}。

● 功效解析

　　维生素B_{12}是人体三大造血原料之一，是唯一含有金属元素钴的维生素，故又称为"钴胺酸"。

　　维生素B_{12}除了参与造血功能外，还能增加人体的精力，使神经系统保持健康状态，具有消除疲劳、恐惧、气馁等不良情绪的作用。

● 缺乏警示

　　维生素B_{12}的缺乏会导致人体肝功能和消化功能出现障碍，孕妈妈缺少维生素B_{12}会产生疲劳、精神抑郁、抵抗力降低、记忆力衰退等症状，导致贫血症，还会引起食欲缺乏、恶心、体重减轻，严重影响胎儿的成长。

● 每日摄入量

　　孕妈妈维生素B_{12}每日摄入量宜为2.6微克。

▲ 动物内脏富含维生素B$_{12}$。

● **最佳食物来源**

　　膳食中的维生素B$_{12}$只存在于动物性食品中，如肉类和肉制品、动物内脏、鱼、贝壳类、蛋类，乳类及乳制品中也含有大量维生素B$_{12}$。发酵食品中只含有少量维生素B$_{12}$，植物性食品中基本不含维生素B$_{12}$。

● **好"孕"提示**

　　维生素B$_{12}$很难直接被人体吸收，和叶酸、钙元素一起摄取有助维生素B$_{12}$吸收。维生素B$_{12}$缺乏者不宜大量摄入维生素C。

2.维生素D：促进骨骼生长

　　大龄孕妈妈阿枝近40岁才怀上第一胎，所以阿枝特别小心，自打怀孕起就大门不出、二门不迈，不承想，产检时却被医生告知缺钙。不是一直在补钙吗？怎么会缺钙呢？阿枝疑惑不解。

● **功效解析**

　　维生素D是一种脂溶性维生素，它又被称为阳光维生素，这是因为人体皮肤只要适度接受太阳光照射便不会缺乏维生素D。

　　维生素D可以促进维生素A的吸收，预防更年期骨质疏松、钙元素流失，具有抗佝偻病的作用，故又被称为"抗佝偻病维生素"，是人体骨骼正常生长的必需营养素。

　　维生素D可以促进小肠对钙、磷的吸收，调节钙和磷的正常代谢，维持血液中钙和磷的正常浓度。

　　维生素D可以促进人体生长和骨骼钙化，促进牙齿健康。

　　维生素D可以维持血液中柠檬酸盐的正常水平，防止氨基酸通过肾脏流失。

● **缺乏警示**

　　孕期缺乏维生素D时，孕妈妈有可能会出现骨质软化。一旦出现骨质软化，骨盆是最先发病的部位，首先出现髋关节疼痛，然后蔓延到脊柱、胸骨、腿及其他部位，严重时会发生脊柱畸形，甚至还会出现骨盆畸形，影响孕妈妈的自然分娩。孕妈妈缺乏维生素D还会导致胎儿骨骼钙化不良、出生后牙齿萌出较晚等。

● **每日摄入量**

　　维生素D的推荐摄入量为孕早期每日5微克，孕中期和孕晚期每日10微克，孕期维生素D的最高摄入量为每日20微克。

● **最佳食物来源**

　　鱼肝油是维生素D的最佳来源。通常天然食物中维生素D含量较低，含脂肪高的海鱼、动物肝脏、蛋黄、奶油等中含量相对较多，瘦肉和奶中含量较少。

● **好"孕"提示**

　　维生素D可通过晒太阳和食用富含维生素D的食物等途径来补充。孕妈妈最好每天进行1~2小时的户外活动，通过照射阳光补充维生素D。

　　因为季节或地域因素无法晒到太阳，可以通过口服维生素D片剂来补充身体所需，但要谨遵医嘱，切勿过量服用，否则会中毒，其症状有食欲下降、呕吐、恶心、腹泻、腹痛等，而且会使胎儿的大动脉及牙齿发育出现问题。

四、孕6月特别关注

孕6月，大多数孕妈妈已是"孕"味十足，不少孕妈妈甚至已大腹便便、体重剧增。从这个月开始，孕妈妈可要注意控制体重哦，否则妊娠期糖尿病等麻烦就会"光临"。

1.孕期胀气

上班族孕妈妈露露刚跟客户吃完饭就不停地打嗝，露露心想：这回丢脸丢大了。好在客户中有一位有过怀孕史的妈妈，她告诉露露这是孕期胀气导致的。孕期胀气是怎么回事呢？

● 症状及原因

吃完东西后不停地打嗝，打嗝厉害时就想吐，不管吃什么都胀气，等稍微舒服了就会感觉到饿，再吃东西又会重复以上过程，这就是孕期胃胀气的表现。在不合时宜的场合打嗝是令人非常尴尬的事情，但对孕妈妈而言却是难免的。

孕中期以后，孕妈妈会发觉肚子发胀，这是黄体酮的副作用，而且孕中后期子宫扩大，压迫到肠道，使得肠道不容易蠕动，造成里面的食物残留在体内发酵，这也是体内气体增多的原因。

● 饮食调理

要有效舒缓胀气，必须先从饮食入手。当孕妈妈感到胃部胀气时还进食大量食物，就会加重肠胃负担，令胀气情况更加严重。孕妈妈不妨把一天的3餐改成一天吃6~8餐，每餐分量相应减少。注意每一餐不要进食太多种食物，也不宜只吃流质的食物，因为流质食物并不一定好消化。

孕妈妈可多吃富含纤维素的食物，如蔬菜、水果等，因为纤维素能促进肠道蠕动。另外，要避免吃易产气的食物，如豆类、油炸食物、土豆等；避免饮用苏打类饮料，因为苏打能在胃里产生气泡，会加重胀气的感觉，加上其中含钠较多，不适合孕妈妈饮用；咖啡、茶等饮料也要少喝为宜。

如果大便积累在大肠内，胀气情况会更加严重，所以孕妈妈要多喝温水，每天至少喝1500毫升的水，充足的水分能促进排便。喝温水较冷水更适宜，喝冷水易造成肠绞痛。

● 好"孕"提示

易发生胀气的孕妈妈可以在饭后1小时进行按摩，以

▲ 苏打类饮料会加重胀气，因此孕妈妈要避免饮用。

▲ 孕妈妈饭后半小时到1小时到外面散步有助于消化。

帮助肠胃蠕动。孕妈妈坐在有扶手的椅子或沙发中，呈45°角半卧姿，从右上腹部开始，顺时针方向移动到左上腹部，再往左下腹部按摩，切记不能按摩中间子宫所在的部位；也可以在饭后半小时到1小时到外面散步20~30分钟，对促进消化有帮助。此外，孕妈妈应穿着宽松、舒适的衣服，不要穿任何束缚腰和腹部的衣服。

2.妊娠纹

不知从何时开始，孕妈妈发现自己的肚皮上出现了一条小小的细纹。到本月，这条细纹似乎突然增粗增黑，看上去丑陋无比。这就是孕期美丽杀手——妊娠纹。

● 症状及原因

怀孕时，人体肾上腺分泌的类皮质醇（一种激素）量会增加，使皮肤的表皮细胞和成纤维细胞活性降低，以致真皮中细细小小的纤维出现断裂，从而产生妊娠纹。孕中晚期，胎儿生长速度加快或孕妈妈体重短时间内增加太快，肚皮来不及撑开，都会造成真皮内的纤维断裂，从而产生妊娠纹。

妊娠纹的常见部位在肚皮下、胯下、大腿、臀部，皮肤表面出现看起来皱皱的细长型痕迹，这些痕迹最初为红色，微微凸起，慢慢颜色会由红色转为紫色，产后再转为银白色，形成凹陷的瘢痕。妊娠纹一旦产生，将会终身存在。避免体重突然增加、适当的运动与按摩，是避免妊娠纹产生的最有效的方法。

● 饮食调理

均衡摄取营养，保持正常的体重增加速度，少吃油炸、高糖的食品，多吃膳食纤维含量丰富的蔬菜、水果和富含维生素C的食物。每天早晚喝2杯脱脂牛奶，以此增加细胞膜的通透性和皮肤的新陈代谢功能。

◎ 多吃富含胶原蛋白的食物，如猪蹄、猪皮、蹄筋之类，可以增加皮肤弹性。

◎ 多吃富含维生素E的食物，如圆白菜、葵花子油、菜籽油等，对皮肤有抗衰老的作用。

◎ 多吃富含维生素A的食物，如动物肝脏、鱼肝油、牛奶、奶油、禽蛋及橙红色的蔬菜和水果，可以避免皮肤干燥。

◎ 多吃富含维生素B₂的食物，如动物肝肾、动物心、蛋类、奶类等，可以预防皮肤开裂和色素沉着。

● 好"孕"提示

按时作息，帮助身体建立规律的新陈代谢，有助于增加皮肤弹性。

从孕早期到产后3个月，每天早晚取适量抗妊娠纹乳液涂于腹部、髋部、大腿根部和乳房部位，并用手顺时针打圈轻轻按摩以帮助吸收，可以减少妊娠纹的产生。即使产前没有妊娠纹的孕妈妈也不能省去这个步骤，因为有些细微的妊娠纹在产后反而会出现。

使用孕妈妈专用的托腹带，既能减轻腹部的负担，又能预防妊娠纹的产生。

洗澡时不要用太烫的水，水温过高会破坏皮肤的弹性。

3.妊娠期糖尿病

最近一次产检，医生给孕妈妈小景做了"糖筛"，结果血糖指数偏高。医生说，如果再不控制糖分摄取的话，恐怕会有患妊娠期糖尿病的危险。

● 症状及原因

妊娠合并糖尿病是指妊娠期间出现的糖尿病。糖尿病是由于体内负责糖代谢的胰岛素分泌不足或相对不足所造成的。孕妈妈要承担自身和胎儿两方面的代谢，对胰岛素的需求量增加。孕中晚期，胎盘分泌的胎盘生乳素、雌激素、孕激素和胎盘胰岛素酶等具有对抗胰岛素的作用，并且随着怀孕月份的增加，孕妇对胰岛素的利用反而越来越低，这就导致胰岛素分泌相对不足，产生糖代谢障碍。

因此，妊娠期糖尿病一般都发生在孕中晚期。糖尿病会造成糖代谢障碍以及人体广泛的血管病变，使血管壁变厚、变窄，导致人体重要脏器供血不足，从而导致原发性高血压、肾脏病、心血管病变以及中风等一系列严重后果。不管是在孕前还是孕后患糖尿病，对人体的危害都很大，必须高度重视。

● 饮食调理

患妊娠期糖尿病的孕妈妈，营养需求与正常孕妈妈相同，主要在于控制饮食。

膳食纤维可降低胆固醇，建议逐渐提升到每天40克的摄取量。粗杂粮如莜麦面、荞麦面、燕麦片、玉米面等含有多种微量元素、B族维生素和膳食纤维，有延缓血糖升高的作用，可用玉米面、豆面、白面按2:2:1的比例做成三合面馒头、烙饼、面条，长期食用，既有利于降糖降脂，又能减少饥饿感。可以适量食用牛奶、鸡蛋

▲ 患妊娠期糖尿病的孕妈妈要严格控制糖果、饼干、糕点等高碳水化合物食品的摄入。

▲ 患妊娠期高血压综合征的孕妇要多吃蔬菜水果，控制糖和盐分的摄入。

等低嘌呤食品。

适当少吃豆制品。豆制品吃多了会加重肾脏负担，诱发糖尿病肾病。严格控制糖果、饼干、糕点、甘薯、土豆、粉皮等高碳水化合物食品的摄入。对主食也应有一定控制，运动量小时摄入量为每日200～250克。适当减少水果，尤其是高甜度水果的食用量。

● **好"孕"提示**

患妊娠期糖尿病的孕妈妈运动应以不引起宫缩、维持心率正常为原则。

孕妈妈应在孕24～28周进行"糖筛"，以便及早发现妊娠期糖尿病，及时开始治疗。超过35岁、肥胖、有糖尿病家族史或有不良孕产史的孕妈妈要更早进行"糖筛"。如果"糖筛"不过关，还需要进一步进行糖耐量检测。

另外，用于治疗妊娠期糖尿病的门冬胰岛素属于大分子蛋白，不能通过胎盘，不会给胎宝宝造成影响。

4.妊娠期高血压综合征

在妊娠期如果不注意调理的话，一些原本没有原发性高血压病史的肥胖孕妈妈也可能会患上妊娠期高血压综合征。

● 症状及原因

妊娠期高血压综合征是指妊娠20周后孕妈妈收缩压高于140mmHg，或舒张压高于90mmHg，或妊娠后期比早期收缩压升高30mmHg，或舒张压升高15mmHg，并伴有水肿、蛋白尿的疾病。妊娠期高血压的主要病变是全身性小血管痉挛，可导致全身所有脏器包括胎盘灌流减少，出现功能障碍，严重者胎儿生长迟滞或胎死腹中。

● 饮食调理

热量摄入要控制：特别是孕前体重就过重的肥胖孕妈妈，应少食用或不食用糖果、点心、饮料、油炸食品以及含脂肪高的食品。

多吃蔬菜和水果：孕妈妈每天摄入蔬菜和水果500克以上，有助于防止原发性高血压的发生。

减少食盐的摄入：食盐中的钠会潴留水分、加重水肿、收缩血管。轻度原发性高血压孕妈妈，可不必过分限制食盐摄入，只要不吃过咸的食物就可以了。中度、重度原发性高血压孕妈妈，要限制食盐的摄入，每日摄入量分别不超过7克和3克。另外，发酵粉、鸡精中也含钠，要注意限量食用。

摄入足够的优质蛋白质和必需脂肪酸：妊娠中后期是胎儿发育的旺盛时期，需要足够的蛋白质。同时，由于蛋白尿的发生，会从尿液中损失一部分蛋白质，所以妊娠期高血压除了并发严重的肾炎外，一般不必限制蛋白质的摄入。而必需脂肪酸的缺乏，往往会加重病情，所以宜多吃植物油增加必需脂肪酸。禽类、鱼类蛋白质中含有丰富的脂肪酸和牛磺酸，这两种成分对血压有调节和控制作用。大豆中的蛋白质也能降低胆固醇，从而保护心脏和血管。

● 好"孕"提示

保持心情舒畅，精神放松，卧床休息时尽量采取左侧卧位。

正常情况下，孕妈妈在孕晚期都会出现足部水肿，但妊娠期高血压导致的水肿通常会出现在怀孕4~6个月，而且会发展到眼睑部位。如果发现体重每周增加多于0.5千克，同时伴有水肿的情况，就要尽快去医院检查。

实行产前检查是筛选妊娠期高血压的主要途径。妊娠早期应测量1次血压，作为孕期的基础血压，以后再定期检查。尤其是在妊娠32周以后，孕妈妈应每周观察血压及体重的变化、有无蛋白尿及头晕等症状，做好自觉防控工作。

五、孕6月推荐食谱

在妊娠中期，胎儿生长发育迅速，孕妈妈饮食必须在提高数量的同时注意提高质量，多吃营养丰富的食物。孕6月孕妈妈每日食谱可参见表7-1。

表7-1　孕6月孕妈妈每日食谱参考

餐次	时间	饮食参考
早餐	7：00~8：00	牛奶1杯，面包2片，煎蛋1个
加餐	10：00	酸奶1杯，橘子1个
午餐	12：00~12：30	红枣鲤鱼100克，西芹炒百合100克，家常豆腐100克，养血安胎汤1碗，米饭3两
加餐	15：00	豆浆1杯，番茄1个
晚餐	18：30~19：00	珊瑚白菜100克，酸辣黄瓜100克，鲫鱼丝瓜汤100克，面条1碗

说明

◉ 早餐的牛奶、面包可以用豆浆和菜肉包替代。
◉ 上午加餐的橘子可以换成其他时令水果。

胡萝卜苹果奶汁

材料： 胡萝卜80克，苹果100克，熟蛋黄1/2个，牛奶80毫升，蜂蜜10毫升

做法： 苹果去皮、去核；胡萝卜洗净、切块，连同熟蛋黄和牛奶、蜂蜜一起，放入搅拌机内搅打均匀即可。

> **♥ 营养解析** 这道蔬果汁含丰富的维生素A、维生素D以及钙、磷等微量元素，对促进胎儿生长发育有很大帮助。

鸡丝粥

材料： 鸡胸肉50克，大米100克
调料： 精盐适量，鸡汤800毫升

做法： ❶ 鸡胸肉切成丝。

❷ 大米淘洗干净，放入砂锅内，加入鸡汤、切成丝的鸡胸肉、精盐，置于火上煮至粥熟即可。若在离火前撒些油菜或小白菜，营养更佳。

> **♥ 营养解析** 此粥有滋补五脏、补益气血的功效。

豆苗蘑菇汤

材料： 绿豆苗50克，口蘑50克
调料： 高汤、盐、香油、鸡精各适量

做法： ❶ 将高汤倒入锅中烧至七成热，加入切好的口蘑。

❷ 水开后，加入洗净的绿豆苗。

❸ 待水再次烧开后，加入盐、鸡精、香油调味即可。

> **♥ 营养解析** 口蘑是很好的补硒食品，它能够预防因缺硒引起的血压升高和血黏度增加，可提高人体免疫力；绿豆苗含有丰富的钙、B族维生素、维生素C和胡萝卜素。这道菜热量低，对孕中晚期的孕妈妈来说，既能补充营养，又能合理控制体重。

番茄炖牛肉

材料： 牛肉、番茄各150克，葱花、姜末各适量

调料： 精盐、酱油、料酒、色拉油各适量

做法： ① 将牛肉、番茄切成块。

② 锅内倒入色拉油，放入牛肉块、酱油，炒至变色，放入葱花、姜末、精盐、料酒拌炒，加热水浸过牛肉，煮开后放入番茄块，炖烂即可。

♥ **营养解析** 这道菜富含蛋白质、维生素、钙等营养素，有补脾胃、益气血、补虚弱、壮筋骨的功效，适用于孕妈妈孕早期、孕中期、孕晚期及产后调补。

胡萝卜炒猪肝

材料： 猪肝200克，胡萝卜100克，干黑木耳10克，青蒜末1大匙，蒜3瓣，姜1片

调料： 料酒1大匙，盐、淀粉各1小匙，胡椒粉适量

做法： ① 将黑木耳用温水泡发洗净，撕成小朵备用；将猪肝洗净切片，用料酒、胡椒粉、半小匙盐、淀粉拌匀；胡萝卜洗净、切片备用；姜切丝，蒜洗净、切片备用。

② 锅内加入植物油烧至八成热，倒入猪肝片，大火炒至变色盛出。

③ 锅内留少许底油烧热，倒入姜丝、蒜片爆香，加入胡萝卜片、黑木耳、盐翻炒至熟，再加入猪肝片、青蒜末，翻炒几下即可。

♥ **营养解析** 胡萝卜中维生素含量十分丰富，其中所含的β-胡萝卜素在体内可转化成维生素A，具有促进机体正常生长的功效；黑木耳中含有丰富的纤维素和一种特殊的植物胶原，能够促进胃肠蠕动，防止便秘；猪肝中含有丰富的铁元素、蛋白质、磷等。三者搭配食用，可以帮助孕妈妈防治便秘和贫血。

田园小炒

材料： 西芹100克，鲜蘑菇、鲜草菇各50克，胡萝卜50克，小番茄5个

调料： 料酒1小匙，盐少许

做法：
❶ 将西芹择去叶洗净，切成1寸来长的段，入沸水中汆烫一下，捞出来沥干水。

❷ 将鲜蘑菇、鲜草菇、小番茄分别洗净，切块；将胡萝卜洗净，切成料花。

❸ 锅内加入植物油烧热，依次放入芹菜段、胡萝卜片、蘑菇块、草菇块，翻炒均匀。

❹ 烹入料酒，加入盐调味，大火爆炒2分钟左右，最后加入小番茄块，翻炒均匀即可。

♥营养解析 鲜蘑菇营养丰富，其蛋白质含量比一般蔬菜、水果要高；草菇能消食祛热、补脾益气、消暑热等。这道菜清爽可口且热量低，很适合孕中晚期的孕妈妈食用。

凉拌双耳

材料： 黑木耳150克，银耳150克，枸杞子适量

调料： 鸡精、精盐、香油、胡椒粉各适量

做法：
❶ 黑木耳、银耳、枸杞子用温开水泡发，除去杂质，洗净，盛入汤盆中。

❷ 在汤盆中加入精盐、鸡精、胡椒粉、香油拌匀装盘即可。

♥营养解析 此道菜具有滋阴补肾、益气养阴的功效。

蜜枣桂圆茶

材料： 桂圆肉、大枣各50克

做法： 将桂圆肉、大枣去核加水同煮成汁。

♥营养解析 红枣具有补脾和胃、益气生津的功效，桂圆肉具有安神、补气和血和润肤美容的功效。此茶适用于孕中期的孕妈妈心血虚、虚火内扰、心悸、失眠、健忘、疲倦等症。

第八章

孕7月（25～28周）：
日渐蹒跚也幸福

The Seventh Month of Pregnancy:
Tramping but Happy

❤ 最近走路不那么利索了，过马路的时候，准爸爸居然嘲笑我像只大笨鹅。哼！不过话说回来，大腹便便真的给我带来了很多不便，连晚上翻身也不是那么顺畅了。

❤ 去照了彩超，宝宝长得像个小老头，样子可真滑稽。这个时期，是宝宝大脑发育的又一个关键时期，我要多吃健脑食品，争取生出个聪明的宝宝。

一、孕7月饮食指导

孕7月是胎儿生长最为迅速的月份，不少孕妈妈会惊讶地发现，前天还穿得上的衣裤，到今天却穿不下了，而与此同时，胎儿也迎来了脑部发育的第二个黄金期。本月，孕妈妈在饮食方面要注意哪些内容呢？

1.孕7月饮食原则

妊娠7月，孕妈妈时常会出现肢体水肿的现象，因此要少吃盐，选择富含B族维生素、维生素C、维生素E的食物，有利尿和改善代谢的功能；再者，多吃水果，少吃和不吃不易消化的、油炸的、易胀气的食物（如甘薯、土豆等），忌吸烟饮酒。

孕7月仍是胎宝宝生长发育最迅速的时期，需要更多的营养。孕妈妈应及时且适量食用各类营养丰富的食物，以促进胎宝宝脑部发育，让他健康成长。另外，孕期还要避免不卫生、易引起过敏的饮食。

孕7月是胎宝宝脑细胞分裂增殖的第二个高峰期，由于脂质和不饱和脂肪酸是脑神经纤维发育的物质保

▲ 芝麻是健脑食品，在孕晚期要多吃。

障，为了使胎宝宝获得足够滋养大脑神经的物质，应增加脂质及必需的不饱和脂肪酸的供给。孕妈妈要多吃核桃、芝麻、花生等健脑食品，多吃鱼等富含不饱和脂肪酸的食品，也可服用深海鱼油。另外，增加烹调所用植物油（如豆油、花生油、菜籽油）的量，也可保证孕中期所需的脂质供给，为胎宝宝提供丰富的必需脂肪酸。

2.饮食宜粗细搭配

多吃"粗食"，摄入足量的膳食纤维，有利于通便，可保护心血管，控制血糖和血压，预防妊娠综合征。不少孕妈妈知道了吃粗粮的好处后，却走向了另外一个极端——只吃粗粮不吃细粮。要知道，粗粮食用过多会影响身体对蛋白质、脂肪、铁等营养物质的吸收。

饮食中粗与细的搭配应该掌握好比例，不是越粗越好，也不能太过精细。孕妈妈每周吃3次粗粮为宜，每餐应有一道高纤维的蔬菜，每天要搭配肉、蛋、鱼、奶等食物，才能做到营养均衡。

3.调理饮食，控制体重

实践证明，胎儿出生时的体重与孕妈妈孕前体重以及妊娠期体重增长呈正比，前者高，后者就高；前者低，后者也低。因此，可以通过孕妈妈体重增长情况来估计胎儿的大小以及评估孕妈妈的营养摄入是否合适。

一般来讲，如果孕妈妈孕期体重增长过多，就提示孕妈妈肥胖和胎儿生长过速(水肿等异常情况除外）；如果体重增长过少，胎儿则可能发育不良。胎儿体重超过4千克(巨大儿)时，分娩困难以及产妇产后患病的概率就会增加。如果胎儿体重过低，其各脏器的功能和智力都可能受到影响。事实证明，胎儿出生时的适宜体重为3～3.5千克，孕妈妈整个孕期体重增长以平均12.5千

▲ 吃粗粮有好处，但也要和细粮搭配，比例协调、营养均衡才有助于身体健康。

克为宜（孕前体重过低者可增加15千克，孕前超重者应增加10千克）。

孕妈妈肥胖可导致分娩巨大胎儿，并造成妊娠期糖尿病、妊娠期高血压、剖宫产、产后出血增多等情况，因此妊娠期一定要合理膳食，平衡营养，不可暴饮暴食，注意防止肥胖。已经肥胖的孕妈妈，不能通过药物来减肥，可在医生的指导下，通过饮食调节来控制体重。

肥胖孕妈妈饮食要注意下面几点：

养成良好的饮食习惯：肥胖孕妈妈要注意规律饮食，按时进餐。不要选择饼干、糖果、瓜子仁、油炸薯片等热量高的食物作零食。睡前不宜进餐。

控制进食量和进食种类：主要控制糖类食物和脂肪含量高的食物，米饭、面食等粮食均不宜超过每日标准供给量。动物性食物中可多选择脂肪含量相对较低的鸡、鱼、虾、蛋、奶，少选择脂肪含量相对较高的猪、牛、羊肉，并可适当增加一些豆类的摄入量，这样既可以保证蛋白质的供给，又能控制脂肪量。少吃油炸食物、坚果、植物种子类的食物，这类食物脂肪含量也较高。

多吃蔬菜和水果：主食和脂肪进食量减少后，往往

饥饿感会较强烈，孕妈妈可多吃蔬菜和水果，但注意要选择含糖分少的水果，这样既可缓解饥饿感，又可增加维生素和矿物质营养的摄入。

4.挑选适当的食用油

亚油酸几乎存在于所有植物油中，而亚麻酸仅存于大豆油、亚麻籽油、核桃油等少数的油种中。其中，核桃油不但含有亚麻酸和磷脂，并且富含维生素E和叶酸，孕妈妈和哺乳期的妈妈不妨多吃一些。

此外，孕妈妈还可以选择以深海鱼为原料提炼而成的鱼油。用坚果当加餐，坚果脂类含量丰富，可以作为不吃鱼的孕妈妈的一种营养补充剂。做菜时多选用植物油，植物油如大豆油、菜籽油、橄榄油等是不饱和脂肪酸的良好来源，但要控制用量。

▲ 可多吃水果和蔬菜来缓解饥饿感，控制体重。

二、孕7月饮食红灯：为好"孕"扫除营养障碍

孕7月，随着胎儿对营养需求的迅速增长，不少孕妈妈也会加大食物的摄入量。但是，科学饮食比盲目吃喝重要得多。在本月，孕妈妈要注意下面的饮食禁忌。

1.忌：空腹、饭后即吃水果

很多水果不能空腹吃，如空腹大量食用香蕉后，会与胃中的盐酸盐结合成一种不利于消化的物质；又例如空腹吃柿子，因为柿子有收敛的作用，遇到胃酸就会形成柿石，既不易被消化，又不易排出，空腹大量进食后，轻者会出现恶心、呕吐等症状，重者形成结石，通过开刀才能取出。

另外，饭后也不宜马上食水果。饭后马上吃水果在胃中停留时间过长，容易出现胀气、便秘等症状，给消化功能带来不良影响。专家建议最好在饭后2~3个小时后吃水果，这样消化得比较好。

2.忌：多服温热补品

不少孕妈妈经常吃些人参、桂圆之类的补品，以为这样可以使胎儿发育得更好。其实，这类补品对孕妈妈和胎儿都是利少弊多，还有可能造成以下不良后果。

▲ 最好在饭后2~3个小时后吃水果。

▲ 孕妈妈不要随便食用人参、荔枝等温热补品。

容易出现"胎火"： 中医认为，妊娠期间，妇女月经停闭，脏腑经络之血皆注于冲任以养胎，母体全身处于阴血偏虚、阳气相对偏盛的状态，因此容易出现"胎火"。

容易出现水肿、原发性高血压： 孕妈妈由于血容量明显增加，心脏负担加重，子宫颈、阴道壁和输卵管等部位的血管也处于扩张、充血状态，加上内分泌功能旺盛，分泌的醛固酮增加，易导致水、钠滞留而产生水肿、原发性高血压等不良后果。

容易出现胀气、便秘： 孕妈妈由于胃酸分泌量减少，胃肠道功能有所减弱，会出现食欲缺乏、胃部胀气以及便秘等症状。

其他各种不良症状： 如果孕妈妈经常服用温热性的补药、补品，势必导致阴虚阳亢，因气机失调、气盛阴耗、血热妄行，导致孕吐加剧，出现水肿、原发性高血压、便秘等症状，甚至发生流产或死胎等严重后果。

因此，孕妈妈不宜长期服用或任意服用人参、鹿茸、桂圆、鹿角胶、阿胶等补品。

三、孕7月明星营养素

前面我们已经提到，孕7月开始是胎儿脑部发育的第二个黄金期。因此，孕妈妈在这一时期要多摄入有助于胎儿大脑发育的营养素。

1.DHA：促进脑部发育的"脑黄金"

从孕期18周开始直到产后3个月，是胎宝宝大脑中枢神经元分裂和成熟最快的时期，持续补充高水平的DHA，将有利于宝宝的大脑发育。

● 功效解析

DHA是一种不饱和脂肪酸，和胆碱、磷脂一样，都是构成大脑皮层神经膜的重要物质，它能促进大脑细胞特别是神经传导系统的生长、发育，维护大脑细胞膜的完整性，促进脑发育，提高记忆力，故有"脑黄金"之称。DHA还能预防孕妈妈早产，增加胎儿出生时的体重，保证胎儿大脑和视网膜的正常发育。

● 缺乏警示

如果母体摄入DHA不足，会影响胎儿大脑和视网膜组织结构的形成及功能，对大脑及视网膜的发育极为不利。

● 每日摄入量

孕妈妈每日DHA的摄入量以300毫克为宜。

● 最佳食物来源

核桃仁等坚果类食品在母体内经肝脏处理能生成DHA。海鱼、海虾、鱼油、甲鱼等食物中DHA含量较为丰富，有助于胎儿脑细胞的生长及健康发育。如果对鱼类过敏或者不喜欢鱼腥味的孕妈妈，可以在医生的指导下服用DHA制剂。

2.卵磷脂：保护胎宝宝脑细胞的正常发育

不少孕妈妈会被要求每天吃蛋黄。没错，蛋黄是非常适合孕期食用的食物，因为蛋黄中富含卵磷脂，而卵磷脂是一种促进脑细胞正常发育的明星营养素。

▲ 孕晚期是胎宝宝脑部发育的关键时期，孕妈妈要多摄入富含DHA的食物。

▲ 充足的卵磷脂可使人思维敏捷，注意力集中，记忆力增强。

● 功效解析

卵磷脂是细胞膜的组成部分，它能够保障大脑细胞的正常功能，确保脑细胞的营养输入和废物输出，保护脑细胞健康发育。卵磷脂既是神经细胞间信息传递介质的重要来源，也是大脑神经髓鞘的主要物质来源。充足的卵磷脂可提高信息传递的速度和准确性，使人思维敏捷，注意力集中，记忆力增强。

● 缺乏警示

如果孕期缺乏卵磷脂，孕妈妈会感觉疲劳、容易出现心理紧张、反应迟钝、头昏头痛、失眠多梦等症状，同时也会影响宝宝大脑的正常发育。

● 每日摄入量

孕妈妈每日补充500毫克卵磷脂为宜。

● 最佳食物来源

富含卵磷脂的食物有蛋黄、大豆、谷类、小鱼、动物肝脏、鳗鱼、玉米油、葵花子油等，但营养较完整、含量较高的是大豆、蛋黄和动物肝脏。

▲ 蛋黄中富含卵磷脂。

四、孕7月特别关注

孕7月是孕晚期的第1个月。不少孕妈妈发现，从这个月开始，平静轻松的日子一去不复返了，无论是生活起居还是饮食抑或是身体方面，都会有或多或少的麻烦。在本月，孕妈妈需要特别关注什么问题呢？

1.孕期痔疮

痔疮是一种慢性病，孕妈妈痔疮的发病率高达76%左右。痔疮通常出现在妊娠晚期的28～36周，特别是分娩前1周，但有时也会在孕早期出现。

▲ 每天早晨起床后喝1杯淡盐水或蜂蜜水，有助预防孕期痔疮。

● 症状及原因

随着胎宝宝一天天长大，日益膨大的子宫压迫下腔静脉，腹压增加，影响了血液的回流，致使痔静脉充血、扩张、弯曲成团。如果长时间得不到改善，可造成排便出血，导致不同程度的贫血，从而影响胎宝宝的正常发育。

● 饮食调理

可多吃富含膳食纤维的蔬菜和水果，如芹菜、白菜、菠菜、黑木耳、黄花菜以及苹果、香蕉、桃、梨、瓜类等。还可多吃一些含植物油脂的食品，如芝麻、核桃等。

最好每天早晨起床后喝1杯淡盐水或蜂蜜水，这样既可避免便秘，也可减少硬结粪便对痔静脉的刺激。平时应注意不吃辛辣食物，如胡椒、花椒、生姜、葱、蒜以及油炸的食物，少吃不易消化的食物，以免引起便秘。

● 好"孕"提示

如厕时放松心情，养成良好的排便习惯，解便时勿看书报，不要蹲坐太久，以免造成肛门血液循环不良。

避免提重物。

可在洗澡时用温水冲洗肛门周围，或使用温水坐浴，以促进肛门周围的血液循环，减少痔疮的发生。

做肛门收缩运动。每天早晚各做一次提肛运动，每次30下，可以加强肛周组织的收缩力，有助于肛周组织的血液循环。

2.胎位异常

从本月起，孕期检查时医生会格外关注胎儿的位置，胎位是否正常直接关系到孕妈妈是否能正常分娩。

● **症状及原因**

　　正常胎位是头位，即胎儿头朝下，屁股朝上。常见的异常胎位有臀位、横位、足位等，其原因可能是子宫发育不良、骨盆狭小、胎儿发育失常等。

● **饮食调理**

　　忌寒凉性及胀气性食品，如螺蛳、蛏子、山芋、豆类、奶类、糖（过多）等。

● **好"孕"提示**

　　孕7月，胎儿还不算太大，能在羊水中自由转动，来回变换体位，有时头朝上，有时头朝下，位置不固

定，臀位是很常见的，不必担心。但过了36周后，大多数胎儿会因头部较重而自然头朝下进入骨盆就位，此时胎儿的体位就固定了。如果此时仍是臀位的，臀位分娩的可能性较大，所以最好在36周之前调整好胎位，可在医生指导下采取自疗方法试行转胎。

　　自疗方法1——胸膝卧位法：孕妈妈排空小便，松开裤带，跪在铺着棉絮的硬板床上，双手前臂伸直，胸部尽量与床贴紧，臀部上翘，大腿与小腿呈直角。如此每日2次，开始时每次3～5分钟，以后增至每次10～15分钟。胸膝卧位可使胎臀退出盆腔，增加胎头转为头位的机会。需注意的是，心脏病及原发性高血压患者忌用此方法。

　　自疗方法2——艾灸法：用艾条温灸至阴穴（位于足小指指甲外侧，距趾甲角旁0.1寸，左右各一），每日早晚各一次，每次20分钟。艾灸时放松裤带，腹部宜放松。点燃艾条后，将火端靠近足小指指甲外侧角处（穴位），保持不被烫伤的温热感，或用手指甲掐压至阴穴，也可用生姜捣烂敷于至阴穴来替代艾灸法。

　　自疗要点：胎位不正的孕妈妈不宜久坐久卧，要增加诸如散步、揉腹、转腰等轻柔的活动。保持大便通畅，最好每日都排便。

▼ 胸膝卧位法。

五、孕7月推荐食谱

孕7月的饮食，既要营养丰富，又要能预防疾病，所以食材的选择和烹饪方法非常重要。孕7月孕妈妈每日食谱可参见表8-1。

表8-1　孕7月孕妈妈每日食谱参考

餐次	时间	饮食参考
早餐	7：00~8：00	丝瓜鲜菇鸡丝面1碗，鸡蛋1个，冬瓜丸子汤适量
加餐	10：00	牛奶1杯，小蛋糕1块
午餐	12：00~12：30	红豆焖饭100克，腰果炒鸡丁1份，胡萝卜姜丝熘白菜1份
加餐	15：00	牛奶250毫升，红枣4枚
晚餐	18：30~19：00	青椒炒腰片1份，苦瓜鸡柳1份，豆芽平菇汤1碗

说明

- 早餐的丝瓜鲜菇鸡丝面可换成瘦肉粥。
- 上午的加餐可以变为时令鲜蔬果汁。
- 下午的加餐可以换为苹果或黄瓜，也可搭配适量坚果。

胡萝卜姜丝熘白菜

材料： 胡萝卜1根，大白菜300克，姜丝适量

调料： 白醋1大匙，白糖半大匙，盐、鸡精各少许，水淀粉适量

做法： ❶ 大白菜洗净去叶切薄片，下入沸水焯烫，捞出沥净水分。

❷ 胡萝卜洗净切片。

❸ 炒锅上火烧热，加适量底油，用姜丝炝锅，放入白菜片、胡萝卜片煸炒，加入白醋、白糖、盐、鸡粗调味，用水淀粉勾芡，出锅装盘即可。

> ♥ **营养解析** 白菜中的纤维素不但能起到润肠、促进排毒的作用，还能促进人体对动物蛋白的吸收。孕妈妈常吃这道菜可以预防便秘及痔疮。

青椒炒腰花

材料： 猪腰300克，青椒100克，姜、胡萝卜各50克，蒜2瓣，葱1根

调料： 生抽半大匙，米酒2小匙，盐、鸡精、料酒、蚝油各1小匙，香油适量

做法： ❶ 将猪腰洗净切成腰花，用半小匙盐、生抽、米酒腌制15分钟；青椒去蒂洗净斜切片；姜、胡萝卜切料花，葱、蒜切末。

❷ 锅内加入植物油烧至五成热时倒入腰花滑油断生，捞出控油；锅中留少许底油烧热，放入姜花、蒜末、葱末爆香，加入青椒片、胡萝卜料花、盐炒至八成熟，倒入腰花，加料酒、鸡精、蚝油炒匀，最后淋入香油即可。

> ♥ **营养解析** 这道菜富含维生素C和维生素A，能增进食欲，预防便秘和消化不良。

豆芽平菇汤

材料： 豆芽、平菇各100克

调料： 盐2小匙，鸡精、香油各适量

做法： ❶ 豆芽择洗净；平菇洗净，用手撕成条。

❷ 锅置火上，放水烧开，放入豆芽汆烫约3分钟，再加入平菇条略汆烫2分钟，加盐、鸡精调味，熟后淋入香油即可。

♥ **营养解析** 平菇含丰富的营养物质，尤其是矿物质含量十分丰富，氨基酸种类齐全，具有祛风散寒、舒筋活络的功效。常食平菇不仅能起到改善人体新陈代谢的作用，而且有调节自主神经的作用。

丝瓜鲜菇鸡丝面

材料： 挂面、鸡胸肉各100克，丝瓜、白菇各50克，葱花适量

调料： 酱油2小匙，盐、香油各1小匙

做法： ❶ 将鸡胸肉洗净，用水煮熟，顺着纤维方向撕成丝，备用。

❷ 将丝瓜去皮洗净，切片；白菇洗净；挂面煮熟放碗中。

❸ 锅中倒油烧热，煸香葱花，放白菇、丝瓜略炒，加酱油和适量水烧开，加盐调味后倒入面碗，放入鸡丝淋香油即可。

♥ **营养解析** 面类的碳水化合物含量较高，但并非不能吃，搭配一些低糖、降糖的蔬菜，控制好菜面的比例和数量，同样可以起到平衡血糖的作用。

腰果炒鸡丁

材料： 鸡脯肉150克，腰果100克，鸡蛋1个，胡萝卜、黄瓜各半根，葱末、姜末、蒜末各1匙

调料： 料酒2小匙，淀粉1小匙，盐、白糖各半小匙

做法： ❶ 鸡脯肉洗净，切成1.5厘米见方的小丁备用；将鸡蛋磕破，取蛋清加入鸡丁中，加入1小匙料酒、淀粉和少许盐，腌制10分钟。

❷ 腰果洗净，投入沸水中余烫数分钟，捞出沥干水备用；胡萝卜、黄瓜洗净，切成小丁备用。

❸ 锅内倒入植物油烧热，放入腰果用小火慢慢炸熟，捞出控油；继续加热油锅，倒入鸡丁，小火滑至油熟，捞出控油。

❹ 锅中留少许底油烧热，倒入葱、姜、蒜末爆香，加入鸡丁、胡萝卜丁、黄瓜丁，倒入料酒后加入盐、白糖调味，大火炒匀再倒入炸腰果炒匀即可。

♥ **营养解析** 腰果具有润肠通便、降压、利尿的功效，能起到润肤美容的作用；鸡肉中含有大量卵磷脂、蛋白质和维生素A。两者搭配食用对帮助孕妈妈和胎儿提高免疫力具有重要意义。

奶汤鲫鱼

材料： 鲫鱼1条，豆苗20克，笋片、熟火腿各适量，葱、姜各适量

调料： 白汤500毫升、熟猪油、盐、鸡精、料酒各适量

做法： ❶ 鲫鱼去内脏洗净，切成"人"字形刀纹。

❷ 将葱、姜放油锅中炝香，再放鱼略煎，烹入料酒、白汤、熟猪油，煮至汤汁白浓时，放入笋片、火腿片，加盐、鸡精调味，煮15分钟至笋片熟时去掉姜、葱，最后放入豆苗略煮出锅装盘即可。

♥ **营养解析** 这道菜富含钙、磷等营养素，特别适合孕妈妈孕中期和孕晚期食用，对胎儿骨骼的发育有较好的作用。

苦瓜鸡柳

材料： 苦瓜100克，鸡胸肉150克，胡萝卜丝5克，葱花适量

调料： 酱油1大匙，料酒、白糖、盐、鸡精各1小匙

做法： ❶ 苦瓜洗净，去瓤、切条；鸡肉洗净，切条略腌，将腌好的鸡条滑油备用。

❷ 锅烧热，倒入油，煸香葱花，加入苦瓜条、胡萝卜丝和鸡条翻炒，放入调味料炒匀出锅。

♥ **营养解析** 苦瓜是调节血糖的天然良药，具有清热消炎、保护心血管、降压、降脂的作用。

冬瓜丸子汤

材料： 猪肉馅150克，冬瓜150克，香菜2克，姜2片，葱、姜末各1克，蛋清1个。

调料： 盐5克，鸡精、料酒、香油各1克。

做法： ❶ 冬瓜去皮洗净，切薄片；肉馅放入大碗中，加入蛋清、姜末、葱末、料酒、2克盐拌匀。

❷ 锅中放水烧开，放入姜片，调为小火，把肉馅揉成个头均匀的肉丸子放入锅中，待肉丸变色发紧时，用汤勺轻轻推动，使之不粘连。

❸ 大火将肉丸汤烧滚，放入冬瓜片煮5分钟，调入鸡精、剩余盐，熟后放入香菜，滴入香油即可。

♥**营养解析** 冬瓜有利尿、生津止渴等功效，适于妊娠期水肿的女性食用。

第九章

孕8月（29～32周）：
开始营养冲刺了

The Eighth Month of Pregnancy:
Nutrition Sprinting

💜 腹部长得也太快了吧，昨天还穿得下的裤子，今天就穿不下了。孕妈妈觉得自己现在真像个吹起的气球，到处都膨胀，腿部、脸部都有些水肿了，晚上也睡不踏实。宝宝啊，妈妈恨不得现在就把你生下来。噢，不，我不要你现在出来，早产可不是件好事。

💜 最近总有吃不下的感觉，医生说是因为胃部受到了子宫的挤压，变小了。不过，该摄取的营养还是得摄取，孕妈妈要少食多餐，多摄取补脑、健脑的食物，多摄取富含钙的食物。总之，这个时期要给宝宝充足的补脑物质和钙元素。

一、孕8月饮食指导

为了满足胎儿的成长需要，同时给分娩补充体力，为哺乳做好准备，本月孕妈妈的体重在猛增，大约每周增加250克，这就要求孕妈妈通过饮食来增强营养。

1.饮食要结合孕晚期胎儿的发育特点

孕晚期时，胎儿的骨骼、肌肉和肺部发育日趋成熟，对营养的需求达到了最高峰。胎儿骨骼肌肉的强化和皮下脂肪的积蓄，都是在为出生之后的独立存活做最后的准备。在出生前的最后10周内，胎儿增长的体重大约是此前共增体重的一半还要多。

▲ 孕晚期可以进食适量的玉米、芝麻等来补充必需的亚油酸。

孕8月的孕妈妈会因身体笨重而行动不便。子宫已经占据了大半个腹部，胃部被挤压，饭量受到影响，所以经常会有吃不下的感觉。此时母体基础代谢达到最高峰，胎儿生长速度也达到最高峰。孕妈妈需要尽量补足因胃容量减小而少摄入的营养，实行少食多餐，均衡摄取各种营养素，防止胎儿发育迟缓。

补充不饱和脂肪酸：孕晚期是胎儿大脑细胞发育的高峰期，需要补充不饱和脂肪酸，以满足胎儿大脑发育所需。可以进食适量的玉米油、香油、葵花子油或玉米、花生、芝麻来补充必需的亚油酸。海鱼中含有丰富的蛋白质、不饱和脂肪酸和DHA，孕妈妈可适量食用，但海鱼的汞含量也较高，每周食用不可超过4次。也可适量食用添加了DHA和不饱和脂肪酸的孕妇奶粉和人工制剂。

补充蛋白质：由于胎宝宝的身体增大，大脑发育加快，孕妈妈需要更多地补充蛋白质，每日摄入量不少于85克。可通过摄入鱼、虾、鸡肉、鸡蛋和豆制品以补充蛋白质。

加强钙吸收：这个时期胎宝宝的牙齿和骨骼的钙化加速，孕妈妈体内一半以上的钙是在孕晚期储存的，因此本月孕妈妈钙的需要量明显增加，可通过每天喝2杯牛奶来补钙。

增加钙铁的供给：本月要增加铁的摄入，以保证胎儿的骨骼发育，也为分娩时的失血做营养准备。

此外，仍然要注意各种维生素的补充。

2.饭后可适当嗑瓜子

葵花子与西瓜子都富含脂肪、蛋白质、锌等微量元素及多种维生素，可增强消化功能。嗑瓜子能够使整个消化系统活跃起来。瓜子的香味刺激舌头上的味蕾，味蕾将这种神经冲动传导给大脑，大脑又反作用于唾液腺等消化器官，使含有多种消化酶的唾液、胃液等的分泌相对旺盛。因此，孕妈妈在饭前或饭后嗑瓜子，消化液就随之不断地分泌，对于食物的消化与吸收十分有利。所以，饭前嗑瓜子能够促进食欲，饭后嗑瓜子能够帮助消化。如果多种瓜子混合嗑效果更佳。

3.可适当喝点淡绿茶

在孕前饮食章节已经提到过，妊娠期的孕妈妈最好不要喝茶太多、太浓，特别是饮用浓红茶。不过，倘若孕妈妈嗜好喝茶，可以在这一时期适当饮用一些淡绿茶。

绿茶中含有茶多酚、芳香油、矿物质、蛋白质、维生素等上百种成分，其中含锌量极为丰富。孕妈妈如能每日喝3～5克淡绿茶，可加强心肾功能，促进血液循环，帮助消化，防止妊娠水肿，对促进胎儿生长发育也是大有好处的。

不过，需要特别提醒的是，绿茶中含有鞣酸，鞣酸可与孕妈妈食物中的铁元素结合成为一种不能被机体吸收的复合物，妨碍铁的吸收。孕妈妈如果过多地饮用浓茶，就有引起妊娠贫血及导致宝宝出生后患缺铁性贫血的可能。孕妈妈不妨在饭后饮用淡绿茶，或服用铁制剂1小时后再饮用淡绿茶，这样可使铁充分被人体吸收。

没有饮茶习惯的孕妈妈可以喝点儿富含维生素C的饮料，维生素C能促进铁的吸收，还能增强机体的抗病能力。

▶ 没有饮茶习惯的孕妈妈也可以喝点儿富含维生素C的饮料。

▲ 孕晚期补钙虽然重要，但不能盲目服用钙片。

二、孕8月饮食红灯：为好"孕"扫除营养障碍

孕8月是非常难熬的月份，不但身体问题多多，饮食上也要特别注意。在本月，孕妈妈要注意哪些饮食禁忌呢？

1.忌：过度进补

孕妈妈切勿盲目服用钙片。虽然孕晚期钙的需要量较多，但孕妈妈不能因此而盲目地大量补钙。如果过量服用钙片、维生素D等药剂，有可能会造成钙过量吸收，孕妈妈易患肾、输尿管结石，对胎儿也可能影响其大脑发育。

此外，过多摄入脂肪和碳水化合物对孕妈妈的身体健康也不利。孕晚期绝大多数孕妈妈都会出现器官负荷加大、血容量增大、血脂水平增高、活动量减少等情况，所以要适当控制脂肪和碳水化合物的摄入量，不要大量进食主食和肉食，以免胎宝宝长得过大。

2.忌：贪食荔枝 ★

荔枝富含糖、蛋白质、脂肪、钙、磷、铁及多种维生素等营养成分。荔枝味道鲜美，其壳煎水代茶饮用可消食化滞。

孕妈妈吃荔枝每日以100～200克为宜，如果大量食用可引起高血糖。血糖浓度过高，会导致糖代谢紊乱，使糖从肾脏排出而出现糖尿。虽然高血糖可在2小时内恢复正常（正常人空腹血糖浓度为4.1～6.3毫摩尔／升），但是，频繁大量食用荔枝可使血糖浓度持续增高，会导致胎儿巨大，容易并发难产、滞产、死产、产后出血及感染等。所以，孕妈妈千万别因一时贪吃引起高血糖症状。

▲ 孕妈妈切莫贪食荔枝。

 好"孕"小贴士

孕妈妈不要生吃凉拌的蔬菜。将蔬菜用沸水汆烫一下捞起，用优质的橄榄油凉拌，不但卫生，对营养吸收也有好处。

▲ α-亚麻酸缺乏，孕妈妈会出现睡眠差、烦躁不安、疲劳感明显等情况。

三、孕8月明星营养素

孕8月的孕妈妈要继续摄入有利于胎儿大脑发育的营养素，如α-亚麻酸。在这个月，孕妈妈也要注意保胎、养胎，预防早产，另外，还要摄入适量的维生素E。

1. α-亚麻酸：促进宝宝大脑发育

在孕期必需营养物质中，α-亚麻酸是除叶酸、维生素、钙等营养物质外，另一种非常重要且亟待补充的营养物质。

● 功效解析

α-亚麻酸是维系人类脑进化和构成人体大脑细胞的重要物质，是人体的智慧基石，为人体必需脂肪酸，是组成大脑细胞和视网膜细胞的重要物质。α-亚麻酸能控制基因表达，优化遗传基因，转运细胞物质原料，控制养分进入细胞，促进胎宝宝脑细胞的生长发育，降低神经管畸形和各种出生缺陷的发生率。

● 缺乏警示

α-亚麻酸在人体内不能自主合成，必须要从外界摄取。若缺乏α-亚麻酸，孕妈妈会出现睡眠差、烦躁不安、疲劳感明显，产后乳汁少、质量低等情况。而对于胎宝宝来说，α-亚麻酸摄入不足，会导致胎宝宝发育不良，出生后智力低下，视力不好，反应迟钝，抵抗力弱等不良状况。

● 每日摄入量

孕妈妈每日宜补充1000毫克的α-亚麻酸。

● **最佳食物来源**

富含 α-亚麻酸的食物有深海鱼虾类，如石斑鱼、鲑鱼、海虾等；坚果类，如核桃等。在含有 α-亚麻酸的食物中，亚麻籽油的含量是比较高的。孕妈妈每天吃几个核桃或者用亚麻籽油炒菜都可以补充 α-亚麻酸。

2.维生素E：血管清道夫

维生素E是一种脂溶性维生素，又名生育酚。维生素E可有效预防心血管疾病，因而又被誉为"血管清道夫"。

● **功效解析**

维生素E是一种很强的抗氧化剂，能够抑制脂肪酸的氧化，对延缓衰老、预防癌症及心脑血管疾病非常有益，还能抵抗自由基的侵害。

维生素E对心脏和血管的健康尤其重要，它是重要的血管扩张剂和抗凝血剂，可以改善血液循环、修复组织，可减少伤口形成瘢痕，降低血压。大量摄取维生素E可降低动脉粥样硬化的发病率。

维生素E对眼睛也有很好的保护作用，对皮肤很有益处，有利于保持免疫系统的健康。

● **缺乏警示**

维生素E对孕妈妈的主要作用就是保胎、安胎、预防流产。母体缺少维生素E是流产及早产的重要原因之一，还可能使宝宝出生后发生黄疸。孕期缺乏维生素E还会使孕妈妈的生殖系统受到损害，生殖上皮细胞变性，发生不可逆转的变化。

维生素E在血液制造过程中担任辅酶的功能，若缺乏维生素E会使孕妈妈造血功能受损，导致贫血，这也

▲ 花生等富含维生素E。

是宝宝贫血的主要原因之一；还会使孕妈妈皮肤老化粗糙，脸色无光，以致精神不佳，还可能引发眼疾、肺栓塞、脑卒中、心脏病等疾病。

● **每日摄入量**

孕妈妈摄入维生素E应适量，建议每天在10毫克左右。

● **最佳食物来源**

富含维生素E的主要食物有：玉米油、花生油、葵花子油、菜籽油、豆油等食用油类；核桃、葵花子、南瓜子、松子、花生等干果类；豌豆、菠菜、南瓜、西蓝

花等蔬菜；全麦、糙米、燕麦、小麦胚芽等谷类。另外，蛋、牛奶、动物肝脏、肉制品、豆类的维生素E含量也比较丰富。

● **好"孕"提示**

维生素E在人体储存的时间较短，在光照、热、碱

和铁等微量元素存在的情况下容易氧化，因此必须定期摄入。我国居民目前烹调用油主要以植物油为主，因此不容易缺乏维生素E。要注意的是，若孕妈妈过量摄入维生素E，会抑制胎儿生长，损害凝血功能和甲状腺功能，还可使肝脏的脂肪蓄积。

▲ 维生素E对孕妈妈的眼睛有很好的保护作用，对皮肤也很有益处哦！

四、孕8月特别关注

对于绝大多数孕妈妈来说，孕8月是非常难熬的一个月，一方面胎儿的迅速发育让孕妈妈大腹便便、行动不便；另一方面许多新的问题接踵而至。在本月，有哪些状况是需要孕妈妈特别关注和预防的呢？

1.心悸、呼吸困难

妊娠8月的孕妈妈晶晶近来觉得特别难受，出去散步走不了几步路就觉得心悸，若是遇到上坡更是呼吸急促，有时候躺下睡觉也会有这种感觉。这到底是怎么回事呢？

● 症状及原因

孕晚期，由于子宫越来越大，压迫心脏和肺，使心脏负荷加重、肺部容量变小，平时毫不费力的动作也会引起心悸、呼吸急促、大口喘气，有时还会出现心律不齐；躺下时，也会因肺部受到压迫而感到胸闷、呼吸困难。若孕妈妈站立时无此类问题，躺下时才开始感觉呼吸困难，则属于正常现象，与胎儿本身的心跳与呼吸都没有关系。

评估胸闷的现象时，须先排除与怀孕无关的疾病因素，如心肌梗死、肺病等，这些病症都可能造成呼吸困难。

● 饮食调理

不要一次性进食太多，以少食多餐为佳，多摄取易于消化且营养成分高的食物。保证全面营养，限制钠的摄入，增加铁、钙与维生素B_1的摄入，为分娩做好准备。饮食应以高蛋白、高维生素、低脂肪及低盐为宜。

▲ 孕晚期若感觉到心悸、呼吸困难，可适当多吃些桑葚、葡萄等食物。

孕晚期每日食盐量不宜超过5克。注意调整食量，适当控制体重，以免加重心脏负担。宜多吃些桑葚、松仁、枸杞子、葡萄、阿胶等食物。忌食胡椒、红干椒、花椒、肉桂、紫苏、茴香、烧酒、丁香、葱、姜、蒜等辛香热燥之物。

● 好"孕"提示

平时要多卧床休息。若仅是由于怀孕造成的呼吸困难，孕妈妈在睡眠时可避免平躺，改半坐卧位会较为舒适。不要勉强去干费力的活儿，上下楼梯要慢走。如在走路时发生心悸和呼吸困难，要停下来站立或坐下休息。

2.下肢静脉曲张

从孕7月开始，孕妈妈小叶腿上便出现了弯弯曲曲、凸出肤面的青紫色血管，双腿有沉重感、肿胀感和蚁走感，这种现象在医学上称为下肢静脉曲张。经常站着工作或生育过多的孕妈妈容易出现这种现象。

● 症状及原因

下肢静脉曲张一般发生在妊娠后期，但也有孕妈妈在妊娠中期就出现了这一症状。

孕妈妈之所以会出现下肢静脉曲张，是因为随着胎宝宝的长大和羊水量的增加，子宫会压迫腿部静脉和盆腔内的静脉，使静脉血液回流受阻，致使腿部的内侧面、会阴、小腿和足背的静脉弯曲鼓露，形成下肢静脉曲张。此外，孕晚期孕妈妈机体内产生的雌激素水平升高，也会导致外阴部静脉瓣松弛，出现外阴部下肢静脉曲张。初次怀孕的孕妈妈遇到下肢静脉曲张时不要过于紧张，这种妊娠性下肢静脉曲张会随着妊娠的结束慢慢消失。

● 饮食调理

饮食在下肢静脉曲张的治疗中起着很重要的作用。科学合理的饮食，不但可以为孕妈妈提供充足的营养，

▲ 合理饮食可有效预防和减轻下肢静脉曲张。

而且还能有效预防和减轻下肢静脉曲张。

首先，孕妈妈要选择吃低热量的食物。为减少身体脂肪堆积，进入孕晚期的孕妈妈可以食用西蓝花、芹菜、菠菜、鲤鱼、牡蛎、脱脂牛奶等低糖、低脂肪的食物，以促进血液循环，保持合适的体重，避免因过多的脂肪增加水肿，加重下肢静脉曲张。如果孕妈妈已经患上了下肢静脉曲张，食用以上食物也可以改善病情。

其次要注意补充水分，促进新陈代谢。水分是新陈代谢过程中的重要物质，它可以把新陈代谢产生的废物排出人体，使人体保持健康。所以，为了缓解下肢静脉曲张，孕妈妈要多喝水。另外，孕妈妈也可以通过多吃蔬菜和水果补充水分。

▲ 为防止下肢静脉曲张，午休或睡眠时可适当抬高腿部。

● **好"孕"提示**

为了防止和减轻下肢静脉曲张带来的不适，可采取以下措施：

◎ 注意休息，不要久坐或负重，要适当减少站立不动的时间，养成每天步行半小时的习惯。

◎ 选择合脚的鞋子，不要穿高跟鞋和高筒靴。下班回家如果是木地板，可赤足或穿拖鞋，以改善足部血管循环，并使肌肉得到锻炼。

◎ 每天午休或晚间睡眠时，足部应抬高30厘米左右，可在脚下垫一个枕头或坐垫。

◎ 尽量减少增加腹压的因素，如避免咳嗽、便秘等病症。

◎ 蹲厕的时间不宜过长。

◎ 避免使用可能压迫血管的物品，如不要穿太紧的袜子和靴子，也不要用力按摩腿部。

◎ 洗澡水的温度要与人体温度相同。不要用太热或太冷的水洗澡，以免引起血管膨胀或收缩。

◎ 已有下肢静脉曲张的孕妈妈，应避免靠近热源，如暖气片、火炉或壁炉，并应禁止长时间日光浴，因为热气会加重血管扩张。

◎ 严重的下肢静脉曲张需要卧位休息，用弹力绷带缠缚下肢。

◎ 一般下肢静脉曲张在分娩后会自然消退。若下肢静脉曲张发展过于严重，孕妈妈在产后需要考虑外科手术治疗。

3.胃部烧灼感

妊娠晚期的孕妈妈安琪最近每到吃饭时间就悲喜交加，本来好不容易摆脱了食不知味的妊娠反应，如今胃口好了，吃饭香了，但是每次吃完饭后，总觉得胃部有

▲ 为避免加重胃部烧灼感，浓茶、咖啡等刺激性饮料一定要禁饮。

烧灼感。有时烧灼感会逐渐加重而成为烧灼痛，尤其在晚上，胃部烧灼感非常难受，甚至影响睡眠。

● **症状及原因**

胃部烧灼感通常在妊娠晚期出现，分娩后消失。

造成孕妈妈胃部烧灼感的主要原因是体内激素的分泌逐渐增多，食管下段控制胃酸反流的肌肉变得松弛，加之增大的子宫挤压胃部，导致胃液反流到食管下段，刺激食管下段黏膜。因而，很多孕妈妈到了妊娠晚期都会出现"烧心"，也就是感到心口窝有灼热感。

● **饮食调理**

为了缓解和预防胃部烧灼感，孕妈妈在日常饮食中应少食多餐，不宜过于饱食，要避免在过于饥饿的情况下才进食，特别是身体肥胖的孕妈妈更应如此。

进食后不要立即躺在床上，也不可大量饮水或饮用饮料，特别是浓茶及咖啡、巧克力等饮料。这些食物会促使食管肌肉松弛，刺激食管黏膜，加重烧心感。

另外，也要少食用高脂肪食物，不要吃口味重或油煎的食品，这些食品都会加重胃的负担。临睡前喝一杯热牛奶，对缓解胃部烧灼感有很好的效果。

● **好"孕"提示**

为了有效减少胃液反流，孕妈妈可在睡眠时把靠头部一边的床脚垫高15～20厘米，以抬高上身角度。如果烧心症状较重，可在医生指导下服用一些缓解药物。

4.早产

胎儿在孕28～37周就分娩出来的，则为早产。和流产不同的是，早产的婴儿有存活和成长的可能，尤其是32周以上的婴儿。

● **症状及原因**

早产儿各项器官的功能还比较弱，出生体重轻（大多数出生时体重在2500克以下），死亡率较高，养育护理与足月儿相比要困难许多。所以，为了宝宝的健康，一定要注意养胎，避免早产。

早产的原因有：

孕妈妈方面： 合并子宫畸形（如双角子宫、纵隔子宫）、子宫颈松弛、子宫肌瘤；合并急性或慢性疾病，如病毒性肝炎、急性肾炎、急性阑尾炎、病毒性肺炎、高热、风疹等急性疾病，同时也包括心脏病、糖尿病、严重贫血、甲状腺功能亢进、原发性高血压病等慢性疾病；并发妊娠高血压综合征；吸烟、吸毒、酒精中毒、重度营养不良；其他如长途旅行、气候变换、居住高原地带、家庭迁移、情绪剧烈波动、腹部直接撞击或创

伤、性交或手术操作刺激等。

　　胎儿胎盘方面：前置胎盘和胎盘早期剥离；羊水过多或过少；胎儿畸形，胎死宫内，胎位异常；胎膜早破、绒毛膜羊膜炎。

● 饮食调理

　　切忌食用空心菜、山楂、苋菜等易滑胎的食物。

　　控制饮水量和盐分摄入，预防出现水肿，小心妊娠期高血压综合征等。

　　适当吃一些预防便秘的食物，如蔬菜、水果等。如果连续便秘或腹泻，排便时的刺激会使子宫收缩，造成早产。

● 好"孕"提示

　　孕晚期要减少活动，注意休息，避免疲劳。放松心情，让情绪平稳，避免紧张以及受到惊吓或刺激。如果由于活动不足引起血液循环不良，不妨请家人为你做适度的肌肉按摩。

　　如果孕妈妈出现早产迹象，即出现规律性的宫缩，或者有阴道出血的状况，要注意安胎，避免做一切会刺激子宫收缩的事情。最好住进医院，保持安静，采取保胎措施，尽量让胎儿发育成熟些再分娩，以提高新生儿的存活率。

▶ 孕妈妈要注意养胎，以避免早产。

五、孕8月推荐食谱

本月的孕妈妈除了像以前那样要保证胎儿的发育需要外，还要预防和改善自身的如水肿、下肢静脉曲张等不适症状，所以在饮食上更要懂得选择和取舍。孕8月孕妈妈每日食谱参见表9-1。

表9-1　孕8月孕妈妈每日食谱参考

餐次	时间	饮食参考
早餐	7：00～8：00	鸡丝粥1碗，煎鸡蛋1个，肉包子1个
加餐	10：00	牛奶1杯，饼干2片
午餐	12：00～12：30	蜜汁南瓜100克，芹菜鱿鱼卷100克，清炒莴笋丝100克，排骨冬瓜汤1碗，米饭2两
加餐	15：00	酸奶1杯，核桃4～6颗
晚餐	18：30～19：00	胡萝卜爆鸭丝100克，海参豆腐汤1碗，玉米紫米饭100克

说明

◉ 早餐的鸡丝粥可以换成皮蛋瘦肉粥或者牛奶。
◉ 上午的加餐可以换成水果什锦沙拉和适量坚果。
◉ 下午的加餐可以换成时令水果和豆浆。

蜜汁南瓜

材料： 南瓜500克，红枣、白果、枸杞子、姜片各适量
调料： 蜂蜜、白糖、水淀粉各适量

做法： ❶ 南瓜去皮瓤、洗净、切丁；红枣、枸杞子用温水泡发开，待用。

❷ 切好的南瓜丁整齐地摆放盘里，加入红枣、枸杞子、白果、姜片，入笼蒸15分钟。

❸ 将蒸好的南瓜取出，去掉姜片，轻轻扣入碗里。

❹ 锅洗干净，上火放少许油，加白糖和蜂蜜，加适量水小火熬制成汁；根据汁的浓度加入水淀粉制成芡汁并进行适当勾芡即可。

❤ **营养解析** 南瓜含有一定的 α-亚麻酸，还有丰富的膳食纤维、维生素和碳水化合物，是预防妊娠期高血压的极好食物。

海参豆腐汤

材料： 海参100克，豆腐150克，冬笋、黄瓜各20克

调料： 香油1大匙，生抽、盐各1小匙

做法： ❶ 将海参去内脏、洗净，切段；豆腐洗净，切片；黄瓜洗净，切菱形片；冬笋洗净，切片备用。

❷ 煮锅中放豆腐片、海参段、冬笋片，加适量水烧开后，小火煮5分钟，加生抽、盐调味，放黄瓜片，淋入香油即可。

排骨冬瓜汤

材料： 猪排骨250克，冬瓜500克，葱花适量

调料： 精盐、鸡精、胡椒粉各适量

做法： ❶ 猪排骨洗净，剁成3厘米宽、6厘米长的小块，温水下锅，煮去血水，捞出备用；冬瓜去皮、瓤，洗净，切成与排骨大小相同的块。

❷ 锅置火上，放入排骨块，加清水烧开后，转小火炖，在排骨炖至八成熟时，下冬瓜块炖熟，加鸡精、精盐、胡椒粉调味，出锅前撒入葱花即可。

💙 **营养解析** 本菜清热利水，生津除烦，消肿解毒，适用于伴有水肿的孕妇。秋季可多食用。

💙 **营养解析** 冬瓜排水利湿，与排骨同煮有利水消肿、生津除烦的功效。

清炒莴笋丝

材料： 莴笋300克，胡萝卜丝20克，花椒6粒

调料： 盐1.5克，鸡精适量

做法： ❶ 莴笋去皮和叶后洗净，切成细丝。

❷ 锅内加入植物油烧热，放入花椒炸香，倒入莴笋丝和胡萝卜丝用大火快炒片刻。

❸ 加盐和鸡精调味，翻炒几下即可。

芹菜鱿鱼卷

材料： 芹菜200克，净鱿鱼肉150克，黑木耳50克，胡萝卜花、姜末、葱段各5克，蒜蓉2克

调料： 盐、料酒、鸡精各3克

做法： ❶ 将鱿鱼肉剞花刀后切小段，用水焯成鱿鱼卷备用；将芹菜择洗净切段。

❷ 锅中下油烧热放入姜末、葱段、蒜蓉炒香，倒入鱿鱼卷、芹菜段、黑木耳及胡萝卜花翻炒后加料酒、盐、鸡精炒熟即可。

♥ **营养解析** 莴笋茎中含有的莴笋素，可增强胃液、胆汁和其他消化液的分泌，从而促进消化，消化功能不好的孕妈妈可多食。而且这道菜的口味清新爽口，是一道不错的开味菜肴。

♥ **营养解析** 鱿鱼是高蛋白食品，芹菜有消脂降压的作用。这道菜既可以补充优质蛋白，又不致因热量过高而导致肥胖。

玉米紫米饭

材料： 熟甜玉米、紫米各100克

调料： 蜂蜜1大匙

做法： ❶ 将紫米提前浸泡6小时，捞出，包于屉布中，放入蒸锅，大火蒸30分钟。

❷ 蒸熟的紫米晾凉后盛入碗中，加熟甜玉米、蜂蜜拌匀、压紧实，扣在盘中即可。

胡萝卜爆鸭丝

材料： 烧鸭或卤鸭600克，胡萝卜丝50克，笋丝30克，芹菜丝及红干辣椒丝各20克，姜丝、蒜蓉各10克

调料： 料酒、生抽各1大匙，盐、白糖、醋、香油各适量

做法： ❶ 将鸭骨剔除，取全部鸭肉，连皮切丝。

❷ 油锅烧热，下蒜蓉、红干辣椒丝爆香，再将鸭丝、姜丝、笋丝及胡萝卜丝放入，用大火翻炒，淋料酒及生抽，并放入盐、白糖调味，将芹菜丝加入翻炒数下，再淋入醋、香油，炒匀即可。

♥ **营养解析** 玉米含有丰富的不饱和脂肪酸、蛋白质、B族维生素和维生素E，搭配滋阴补肾的紫米，补益作用更好。

♥ **营养解析** 鸭肉可缓解孕妈妈体虚、便秘或水肿等症状。

银耳核桃糖水

材料： 枸杞子50克，银耳30克，核桃仁100克

调料： 冰糖适量

做法： ❶ 将枸杞子、核桃仁洗净；银耳用温水泡软，去蒂，切小片。

❷ 锅内加适量水烧开，放入银耳、枸杞子，改用小火煲30分钟。

❸ 加入核桃仁，再煲30分钟。

❹ 最后放入冰糖煮溶即可。

♥ **营养解析** 核桃富含α-亚麻酸，具有补脑、润肺、强壮神经的功效；枸杞子能明目、补肝肾；银耳具有活血清热、滋阴润肺、补脑强心的功效。

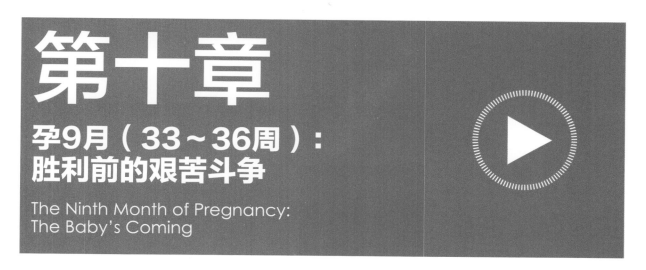

第十章

孕9月（33～36周）：
胜利前的艰苦斗争

The Ninth Month of Pregnancy:
The Baby's Coming

💜 妈妈现在有点儿不敢照镜子了，那个脸、手、脚都水肿的大胖子就是自己吗？不过有时候也会觉得滑稽，仿佛肚子上顶着个大球。这个大球让妈妈行动受限，洗脚的时候都摸不到自己的脚，只能让爸爸帮忙给妈妈洗脚啦！

💜 宝宝，妈妈知道你快出来了，所以再大的困难我也会咬牙坚持下去。宝宝，你想要吃什么呢？蛋白质、钙元素、维生素、碳水化合物，该补充的，妈妈可一样都不敢落下。只不过，再这样胖下去，妈妈就快动不了啦！

一、孕9月饮食指导

在这个月里，胎儿会在孕妈妈的子宫里发育成熟。本月孕妈妈的饮食除了要像以往那样满足胎儿和母体的营养需求外，还需要为即将到来的分娩和产后坐月子做相应的营养积累。为此，孕妈妈在饮食上要注意哪些方面呢？

1.孕9月饮食原则

热能的供给应适量：妊娠9月的孕妈妈活动量有所减少，因此要适当限制脂肪和碳水化合物的摄入量，以免胎儿长得过大，增加难产的概率。

提供充足的蛋白质：本月胎儿需要更多的蛋白质以满足组织合成和快速生长的需要。同时，由于产妇分娩过程中需要大量能量，且产后身体亏损巨大，这些都要求产妇有足够的蛋白质储备。建议每天摄入优质蛋白质85～100克，蛋白质食物来源以鸡肉、鱼肉、虾、猪肉等动物蛋白为主，可以多吃海产品。

防止维生素的缺乏：为了利于钙和铁的吸收，孕妈妈要注意补充维生素A、维生素D、维生素C。若孕妈妈缺乏维生素K，可能会引起新生儿出生时或满月前后颅内出血，因此应注意补充维生素K，多吃动物肝脏及绿叶蔬菜等食物。孕妈妈还应补充B族维生素，其中水溶性维生素以维生素B_1最为重要。本月维生素B_1补充不足就易出现呕吐、倦怠、体乏等现象，还可能影响分娩时子宫收缩，使产程延长，分娩困难。

注意铁的补充：孕妈妈应补充足够的铁。在孕晚期，胎儿肝脏将以每天5毫克的速度储存铁，直到存储量达到240毫克，以满足出生后6个月的用铁量。因为母乳中含铁量很少，若此时孕妈妈铁摄入不足，会影响胎

▲ 妊娠9月的孕妈妈在控制热量的同时还要摄取足够的营养素。

儿体内铁的存储，导致其出生后易患缺铁性贫血。

摄入足量的钙：孕妈妈在此时还应补充足够的钙。胎儿体内的钙一半以上是在孕期最后两个月存储的。若孕妈妈钙摄入不足，胎儿就会动用母体骨骼中的钙，导致母亲缺钙。胎儿缺钙时，还会发生腭管及牙齿畸形，出现不对称现象。

2.多喝酸牛奶

酸牛奶是在消毒牛奶中加入适当的乳酸菌，放置在恒温下经过发酵制成的。

酸牛奶改变了牛奶的酸碱度，使牛奶的蛋白质发生变性凝固，结构松散，更容易被人体内的蛋白酶消化。

酸牛奶中的乳糖经发酵，已分解成能被小肠吸收的半乳糖与葡萄糖，因此可避免某些人喝牛奶后出现腹胀、腹痛、稀便等乳糖不耐受症状。由于乳酸能产生一些抗菌作用，因而酸牛奶对伤寒等病菌以及肠道中的有害生物的生长繁殖有一定的抑制作用，并且在人的肠道里合成人体必需的多种维生素。

因此，酸牛奶比普通牛奶对孕妇、产妇更为适宜。但是，切不可把保存不当、受到污染而腐败变酸的坏牛奶当作酸牛奶喝。

3.吃些清火食物

孕妈妈可适当吃一些清火食物，以预防宝宝出生后因为胎火旺盛而长湿疹。上火的孕妈妈可以多吃一些苦味食物，因苦味食物中含有生物碱、尿素类等苦味物质，具有解热祛暑、消除疲劳的作用。最佳的苦味食物首推苦瓜，不管是凉拌、炒还是煲汤，都能达到"去火"的目的。除了苦瓜，孕妈妈还可以选择杏仁、苦菜、芥蓝等。

除了苦味食物，孕妈妈还可多吃甘甜爽口的新鲜水果和鲜嫩蔬菜。专家指出，紫甘蓝、菜花、西瓜、苹果、葡萄等富含矿物质，尤其以钙、镁、硅的含量高，有安神、降火的神奇功效，上火的孕妈妈可适量吃这类食物。

4.根据体重科学控制食量

到了孕晚期，孕妈妈很容易体重超标，导致生出巨

大儿或者难产。因此，越是到孕晚期，越要注意合理饮食，以免体重增长过快。最好能根据体重科学地控制食量。

计算每种食物合理摄入量的方法是：

用孕期每日每千克体重的热能需要量乘以孕妇的孕前标准体重数，就是这位孕妇每日的总热能需要量，然后按照每日三种热能营养素的分配比例，就可以计算出每天应摄入的各种食物量。

例如：某孕妇的身高是1.60米，孕前体重是60千克，那么她每天应该吃多少主食呢？首先计算她的体重指数：60÷（1.6×1.6）≈23。根据这位孕妇的体重指

▲ 苦瓜、紫甘蓝等食物均具有"去火"的功效。

▲ 孕晚期，孕妈妈容易体重超标，最好能根据体重科学地控制食量。

数，按照表10-1中的数据，推算出她每日每千克体重需要的热能为30～35千卡。如果按照每天每千克体重需要33千卡热能，计算她的热能总需要量为：33×60≈1980千卡。

按照每日主食摄入量占65%来计算：1980×0.65≈1287千卡。每克主食产热4千卡，1287÷4≈321（克）。这位孕妇每天的主食应该吃321克左右。

表10-1　不同体重指数孕妇每日热能需要量和体重增加范围参考表

孕前体重指数	孕期热能（千卡/千克/天）	孕期体重总增长（千克）
<18.5	35	13～18
18.5～23.9	30～35	11.5～12.5
24.0～27.9	25～30	10～12
≥28	25	8～11

▲ 孕妈妈可根据自己的口味挑选核桃、杏仁等有益于胎儿的健康零食。

5.吃一些有益胎宝宝的健康零食

为了腹里的宝宝，一些孕妈妈放弃了自己心爱的零食，如薯片、炸鸡、油炸里脊串等。其实，也有很多零食既可以解馋又是营养丰富的健康食品，比如以下几种，孕妈妈可以根据自己的口味进行挑选。

核桃富含α-亚麻酸，α-亚麻酸在人的肝脏中可以转变成大脑发育所需要的脑黄金——DHA，但α-亚麻酸需要在碳链加长酶和减饱和化酶的作用下才能转变成DHA，不是所有的时候我们体内都有这两种酶，只有在怀孕的最后3个月孕妈妈体内才有这样的酶，所以孕晚期通过吃核桃来促进胎儿大脑发育，其作用会特别明显。

杏仁富含维生素A，可以为胎儿带来健康的肌肤、眼睛和骨骼。

麦片制成的小饼干富含碳水化合物和纤维素，可补充能量，甜甜的味道也会让孕妈妈较有食欲。

酸牛奶富含钙元素、蛋白质，可适量饮用。

▲ 妊娠晚期的孕妈妈若一定要吃夜宵，宜选择豆浆等易消化且低脂肪的食物。

二、孕9月饮食红灯：为好"孕"扫除营养障碍

本月孕妈妈的体重会到达分娩前的高峰。不少孕妈妈一边为体重增长过多而烦恼，一边又担心胎儿缺少营养而猛吃。其实，这都是因为陷入了饮食的误区。孕9月饮食上的红灯有哪些呢？

1.忌：大量吃夜宵 ★

孕晚期胎儿生长快，孕妈妈消耗的能量大，很容易感觉到饿，因此不少孕妈妈会吃夜宵。不过，营养专家建议孕妇不要大量吃夜宵。

根据人体生理变化规律，夜晚是身体休息的时间，吃下夜宵之后，容易增加肠胃的负担，让胃肠道在夜间无法得到充分的休息。此外，夜间身体的代谢率会下降，热量消耗也最少，因此很容易将多余的热量转化为脂肪在体内堆积起来，造成体重过重。并且，有一些孕妇到了孕晚期，容易产生睡眠问题，如果再吃夜宵，有可能会影响孕妇的睡眠质量。

如果一定要吃夜宵，宜选择易消化且低脂肪的食物，如水果、五谷杂粮面包、燕麦片、低脂奶、豆浆等，最好在睡前2~3小时进食；避免高油脂、高热量的食物，因为油腻的食物会使消化变慢，加重肠胃负荷，甚至可能影响到隔天的食欲。

2.忌：盲目减肥 ★

多数孕妈妈在本月会发现自己体重超标，便采用节食的办法来控制体重，这样做有害无益。孕妈妈应咨询医生和营养师，根据自己的情况制定出合适的食谱才是科学的方法，或是按照上文介绍的根据体重科学控制食量的方法来维持健康体重。

三、孕9月明星营养素

妊娠9月，孕妈妈在饮食上不仅要考虑胎儿目前发育的需要，还要考虑生产后自身及新生儿的营养需要。如新生儿很容易缺乏维生素K，此时孕妈妈就可以为胎儿多存储一些，以预防新生儿维生素K缺乏症。

1.维生素K：预防产后大出血

孕妈妈西西立志将来要母乳喂养，查阅资料后得知，母乳中维生素K含量极少，并且新生儿又极易缺乏。她想，现在就应该为宝宝储备些维生素K了。其实，维生素K无论是对胎儿还是对孕妈妈，都是非常重要的。

● 功效解析

维生素K是一种脂溶性维生素，能合成血液凝固所必需的凝血酶原，加快血液的凝固速度，减少出血；降低新生儿出血性疾病的发病率；预防痔疮及内出血；治疗月经量过多等问题。

● 缺乏警示

孕妈妈在孕期如果缺乏维生素K，流产几率将增加。即使胎儿存活，由于其体内凝血酶低下，易发生消化道、颅内出血等，并会出现小儿慢性肠炎、新生儿黑粪症等。一些与骨质形成有关的蛋白质会受到维生素K的调节，如果缺乏维生素K，可能会导致孕期骨质疏松症或骨软化症的发生。维生素K缺乏还可引起胎儿先天性失明、智力发育迟缓等严重问题。

● 每日摄入量

人体对维生素K的需要量较少，孕妈妈和乳母维生素K的每日推荐摄入量为120微克。

● 最佳食物来源

富含维生素K的食物有绿色蔬菜，如菠菜、菜花、莴笋、萝卜等；烹调油，主要是豆油和菜籽油。另外，奶油、乳酪、干酪、蛋黄、动物肝脏中的维生素K含量也较为丰富。

2.维生素A：视力的保护神

孕妈妈小丹及其丈夫都是高度近视，这让小丹非常担心：宝宝出生后视力会不会也是如此呢？其实，像小丹这样的孕妈妈，在孕期应该有意识地多摄入一些有利于胎儿视力发育的营养素，如维生素A。

● 功效解析

维生素A又名视黄醇，是人体必需却又无法自行合成的脂溶性维生素。维生素A可促进胎宝宝视力的发育，增强机体免疫功能，有利于牙齿和皮肤黏膜健康。维生素A还能促进孕妈妈产后乳汁的分泌，同时有助于甲状腺功能的调节。

● 缺乏警示

孕妈妈若缺乏维生素A，会出现皮肤干燥、抵抗力下降等症状，还会影响胎宝宝皮肤系统和骨骼系统的生长发育，引起胎儿生长缓慢、胚胎发育不全。严重缺乏时，还会引起胎儿多器官畸形、流产。

● 每日摄入量

孕妈妈每天摄入3300国际单位维生素A为宜。

▲ 胡萝卜等食物富含类胡萝卜素。

● 最佳食物来源

维生素A只存在于动物体内。动物的肝脏、鱼肝油、奶类及鱼籽是维生素A的最好来源。

在红色、橙色、深绿色植物性食物中含有类胡萝卜素，通过胃肠道内的一些特殊酶的作用可以催化生成维生素A。胡萝卜、菠菜、红心甘薯、芒果等是类胡萝卜素的最佳提供源。

● 好"孕"提示

维生素A与磷脂、维生素E和维生素C及其他抗氧化剂并存时较为稳定，在高温和紫外线环境下易被氧化。烹饪时将含维生素A或者类胡萝卜素的食物与脂类搭配，有利于维生素A的吸收。

四、孕9月特别关注

孕9月，胜利即将来临。不过，胜利越是临近，孕妈妈就越感觉日子难熬。在本月，孕妈妈仍然会遭遇来自身体的各种不适。那么，孕妈妈需要特别关注和预防的不适有哪些呢？

1.妊娠性瘙痒

孕妈妈小米这些天总是感觉皮肤时不时地瘙痒，特别是在晚上，越抓越痒，有好几次她甚至把熟睡的老公叫醒，让他给挠痒痒。这到底是怎么回事儿呢？

● 症状及原因

少数孕妈妈在妊娠期间，尤其是在妊娠早期和晚期会出现部分或全身性皮肤瘙痒。瘙痒感有轻有重，轻者不影响生活和休息，只是皮肤有点痒，一般不被重视；严重者痒得人坐卧不安，难以忍受。

瘙痒分阵发性和持续性两种，无论是哪一种，都与精神因素有关。白天工作、学习紧张时，瘙痒可以减轻或不痒；夜深人静时，瘙痒往往会加重，甚至越抓越痒。皮肤瘙痒有的短期内会自行消失，有的会一直持续到妊娠终止，分娩后很快消失。同时，孕妈妈一定要注意还有一种妊娠期并发症——妊娠合并胆汁淤积综合征，首先表现为皮肤瘙痒，因此千万不能掉以轻心，若有不适，最好尽快去相关医院就诊检查。

● 饮食调理

防治妊娠性皮肤瘙痒，内在调理很重要。

首先，孕妈妈应重视饮食调节，平时要多喝水，增加皮肤的水分供给。

▲ 为防止妊娠性皮肤瘙痒，孕妈妈要穿宽松透气的衣物，平时多喝水，注意营养均衡。

其次，还应注意营养均衡，多吃新鲜蔬果及牛奶、豆浆等富含水分的食物，还可常吃香油、黄豆、花生等，它们含有不饱和脂肪酸，如亚油酸等。

维生素A、维生素B_2、维生素B_6等对于防治皮肤瘙痒很重要，特别是孕妈妈缺乏维生素A时，皮肤会变得干燥，瘙痒不止，因而要多吃些动物肝脏、胡萝卜、油菜、芹菜、禽蛋、鱼肝油等补充维生素A。

● 好"孕"提示

建议孕妈妈穿宽松透气的衣物，避免闷热、挤压及摩擦。

阴部瘙痒的孕妈妈不要过度清洁阴部，以免发生刺激性或干燥性外阴炎。不建议使用清洁剂或阴道冲洗液，因为这样会使正常细菌菌落被抑制，反而会使不正常的霉菌菌落滋生，造成更加严重的阴道炎。

居室内保持一定的湿度，对预防皮肤瘙痒有好处。

2.孕期小便失禁

孕妈妈小夏最近可尴尬了，尿道口像是年久失修的堤坝一样，动不动就决堤，有时候打个喷嚏、大笑几声，都会导致小便出来。没办法，小夏只好用上了孕妇专用的尿不湿。

● 症状及原因

有的孕妈妈在咳嗽、打喷嚏、大笑、走路急或跑步的时候，因不能控制小便而出现尿失禁现象，可能只是一时性的尿道括约肌功能失调，但如果此症状时间持续较久，就属于病态，应尽早去相关医院就诊。

● 饮食调理

孕期小便失禁的饮食对策是多吃蔬菜水果，尤其是富含纤维素的蔬菜、水果。此外，还要多吃营养丰富、容易消化的食物，如牛奶、鸡蛋等。

● 好"孕"提示

出现尿失禁不必害怕，不要经常下蹲，尽量避免重体力劳动，不要提重的物品，以免增加腹压。

积极治疗咳嗽，保持大便通畅。

每天进行盆底肌肉功能锻炼，有节奏地收缩肛门和阴道肌肉，每次5分钟，每天2~3次，1个月后会有明显改善效果。

3.妊娠水肿

孕9月对于孕妈妈阿秀来说是特别艰难的一个月。早在孕7月，阿秀就发现自己的脚部有些水肿。没想到到了第9个月，不但手肿、脚肿、腿肿，连脸都肿了起来，整个人就像一个被吹得鼓鼓囊囊的气球，既难看又难受。

● 症状及原因

随着胎宝宝的逐渐增大，孕妈妈腿部静脉受压，血液回流受阻，极易造成妊娠水肿。

妊娠水肿最早出现于足背，以后逐渐向上蔓延到小腿、大腿、外阴以至下腹部。严重时会波及双臂和脸部，并伴有尿量减少、体重明显增加、容易疲劳等症状。

● 饮食调理

*一定要吃足够量的蛋白质：*水肿的孕妈妈，尤其是由于营养不良引起水肿的孕妈妈，一定要保证每天食入肉、鱼、虾、蛋、奶等动物类食物和豆类食物，以摄取其中的优质蛋白质。

*一定要吃足够量的蔬菜水果：*蔬菜和水果中含有人体必需的多种维生素和微量元素，它们可以提高机体的抵抗力，加强新陈代谢，具有解毒利尿等作用。

*少吃或不吃难消化和易胀气的食物：*油炸的糕点、甘薯、洋葱、土豆等要少吃或不吃，以免引起腹胀，使血液回流不畅，加重水肿。

*不要吃过咸的食物：*发生水肿时要吃清淡的食物，不要吃过咸的食物，尤其是咸菜，以防止水肿加重。

● 好"孕"提示

侧卧能最大限度地减少早晨的水肿。避免久坐久站，每半小时到1小时就站起来走动走动，尽可能经常把双脚抬高、放平。

选择鞋底防滑、鞋跟厚、轻便透气的鞋。尽量穿纯棉舒适的衣物。

孕期一定程度的水肿是正常现象。如在妊娠晚期只是脚部、手部轻度水肿，无其他不适者，可不必做特殊治疗。孕妈妈到了晚上通常水肿会稍重一些，经过一夜睡眠便会有所减轻。如果早上醒来后水肿还很明显，整天都不见消退，或是发现脸部和眼睛周围都肿了，手部也肿得很厉害，或者脚和踝部突然严重肿胀，一条腿明显比另一条腿肿得厉害，最好及早去看医生，因为这可能是妊娠期高血压综合征的症状。

五、孕9月推荐食谱

孕妈妈要为即将到来的分娩做准备了，孕9月的饮食中可以添加一些能促进母乳分泌的食物，如鲤鱼汤等。孕9月孕妈妈食谱可参见表10-2。

表10-2 孕9月孕妈妈每日食谱参考

餐次	时间	饮食参考
早餐	7：00~8：00	豆浆1杯，煮鸡蛋1个，面条1碗
加餐	10：00	牛奶1杯，开心果4~6颗
午餐	12：00~12：30	米饭100克，炒黑木耳圆白菜100克，胡萝卜牛肉丝100克
加餐	15：00	酸奶1杯，钙奶饼干2片
晚餐	18：30~19：00	牛奶大米饭100克，枸杞花生烧豆腐100克，凉拌苦瓜50克，黑木耳红枣粥1碗

说明

◉ 肚子里的胎宝宝在飞速生长，很多孕妈妈都有夜间被饿醒的经历，这时可以喝点儿粥，或吃几片饼干、喝一杯牛奶，然后接着再睡。
◉ 午餐的炒黑木耳圆白菜可以用麻酱莴笋代替。

黑木耳红枣粥

材料： 黑木耳5克，红枣5颗，大米100克

调料： 冰糖汁30毫升

做法： ❶ 黑木耳放入温水中泡发，去蒂洗净，撕成瓣状；大米淘洗干净；红枣洗净去核。

❷ 黑木耳、大米、红枣一起放入锅内，加适量水；将锅置大火上烧开后转小火熬煮，待黑木耳软烂、大米成粥后，加入冰糖汁搅匀即成。

♥ **营养解析** 黑木耳中含有丰富的胶原物质，可把残留在人体消化系统中的灰尘、杂质吸附集中起来排出体外，从而起到清胃涤肠的作用。另外，此粥还有下奶的功效。

胡萝卜牛肉丝

材料： 牛肉50克，胡萝卜150克，葱花、姜末各少许

调料： 酱油15克，盐、淀粉、料酒各适量

做法： ❶ 牛肉洗净切丝，用葱花、姜末、酱油、料酒调味腌制10分钟后再用淀粉拌匀。

❷ 胡萝卜洗净去皮，切丝。

❸ 炒锅中入油，将腌好的牛肉丝入油锅迅速翻炒，变色后将牛肉丝拨在炒锅的一角，沥出油来炒胡萝卜丝。

❹ 胡萝卜丝变熟后混合牛肉丝一起炒匀，加盐调味即可。

♥ **营养解析** 胡萝卜含有丰富的 β-胡萝卜素，有利于人体生成维生素A，牛肉油脂还有利于人体对胡萝卜中维生素E的吸收。

凉拌苦瓜

材料： 苦瓜400克

调料： 盐、白糖、醋、辣椒酱、鸡精各适量

做法： ❶ 将苦瓜洗净，对切两半，刮去内瓤，切成薄片。

❷ 将苦瓜放进沸水中焯一下，片刻后捞起，冲凉后备用。

❸ 根据自己喜爱的口味放入白糖、醋、辣椒酱、鸡精、盐，拌匀即可。

♥ **营养解析** 苦瓜含有丰富的维生素C、B族维生素、钙、铁等营养素，还有明显的降血糖作用，对血糖高的孕妇有一定食疗功效。

红枣黑豆炖鲤鱼

材料： 鲤鱼1条，黑豆30克，红枣8颗，葱半根，姜2片

调料： 盐、料酒各5克

做法： ❶ 将鲤鱼洗净切段；葱洗净切段；红枣洗净去核；黑豆淘洗干净，用清水提前浸泡1小时。

❷ 锅中放入适量清水并放入鲤鱼段，用大火煮沸后撇去浮物。

❸ 在鲤鱼汤中加入黑豆、红枣、葱段、姜片、盐和料酒，用小火煮至豆熟即可。

♥ **营养解析** 鲤鱼的营养价值很高，含有极为丰富的蛋白质；红枣味甘，性平，具有补益脾胃、养血安神的作用；黑豆蛋白含量高、热量低，具有利水、消胀、下气、治风热、活血解毒的功效。三者搭配对于体虚、四肢水肿的孕妈妈来说，是一道食疗佳品。

枸杞花生烧豆腐

材料： 豆腐300克，花生仁30克，枸杞子10克，葱花少许

调料： 盐、鸡精各5毫升，水淀粉10毫升

做法： ❶ 将豆腐洗净，切大块，下入油锅炸成金黄色；花生仁炸熟备用。

❷ 锅中放油烧热，煸香葱花，放豆腐块、枸杞子和适量水煮10分钟，加盐、鸡精调味，用水淀粉勾芡后放花生仁炒匀出锅，撒上葱花即可。

炒黑木耳圆白菜

材料： 水发黑木耳50克，圆白菜300克，葱、生姜各适量

调料： 盐、鸡精、酱油、醋、白糖、水淀粉、香油各适量

做法： ❶ 将黑木耳撕成小片；圆白菜洗净撕成小片，沥干水分；葱、生姜洗净，切成丝。

❷ 炒锅放油烧至七成热，下入葱丝、生姜丝爆香，放入圆白菜、黑木耳煸炒，加酱油、盐、鸡精、白糖调味，烧滚后用水淀粉勾芡，加醋，淋上香油，起锅装盘即可。

♥ 营养解析 豆腐含有丰富的大豆蛋白，而且易于消化吸收；花生可以补充不饱和脂肪酸和多种矿物质；枸杞子能明目益肝。孕妈妈经常食用此菜，能增强体质，有利于胎儿生长发育。

♥ 营养解析 炒黑木耳圆白菜适宜孕妇食用，具有益肾、填髓、健脑的作用。

麻酱莴笋

材料： 莴笋500克

调料： 芝麻酱50克，白糖、盐各3克

做法： ❶ 将莴笋去皮洗净，切成0.5厘米粗的条，用沸水
汆烫一下，捞出来沥干水分。

❷ 将芝麻酱放入碗中，加适量温水，再加入盐和白
糖，调匀。

❸ 将调好的芝麻酱淋在莴笋上，拌匀即可。

牛奶大米饭

材料： 大米500克

调料： 牛奶500毫升

做法： 大米淘洗干净，放入锅内，加牛奶和适量清水，盖
上锅盖，用小火慢慢焖熟即可。

♥ **营养解析** 莴笋富含维生素K，是补充维生素K的极好
食材。

♥ **营养解析** 牛奶大米饭益脾胃、补虚损、生津润肠，
适用于体质虚弱、疲劳乏力、脾胃虚寒、大便干燥的孕
妇。本做法也适用于煮牛奶大米粥，具有同样功效。因
具有利尿作用，对孕晚期水肿的孕妈妈非常适合。

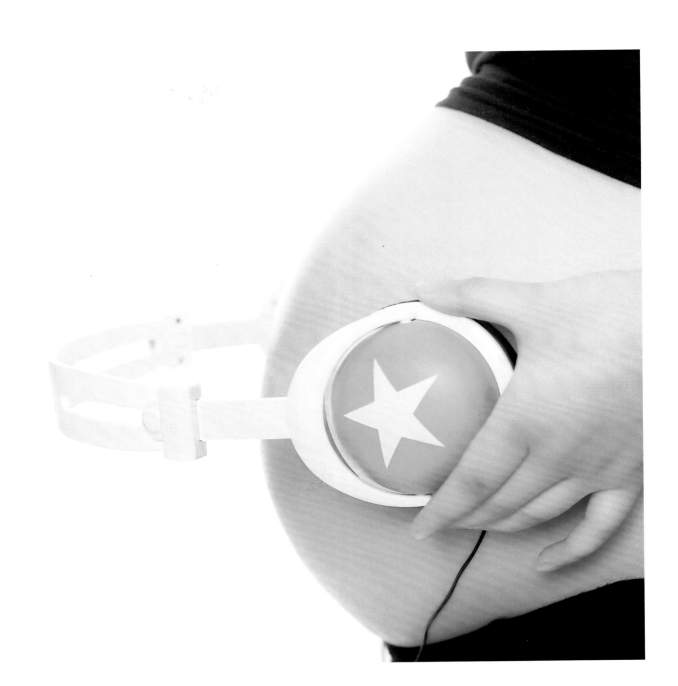

第十一章

孕10月（37～40周）：迎接胜利的到来

The Tenth Month of Pregnancy:
Look! So Lovely a Baby

💗 宝贝，你已经是足月儿了，妈妈知道你随时都可能宣告你的横空出世，所以妈妈时刻准备着迎接你的到来。哇，妈妈好兴奋呀！

💗 妈妈现在的饮食要为分娩做准备了。医生告诉妈妈，那些营养价值高、热量高的食物有助于妈妈顺利分娩。这个月，妈妈也会吃一些通乳的食物，以便产后早下奶哦！妈妈可想用母乳喂养我的宝贝了，这是妈妈送给宝贝的第一件也是极为珍贵的礼物哦！

一、孕10月饮食指导

怀孕10个月，胎儿即将出世，孕妈妈也即将卸下重负。在饮食上，孕妈妈应当为分娩和随后的坐月子做好准备。在本月，饮食上要注意哪些方面呢？

1.孕10月饮食原则

孕妈妈的饮食要多种多样，应多吃富含维生素K、维生素C、铁的食物，如牛奶、紫菜、猪排骨、菠菜、胡萝卜、鸡蛋、豆制品等。除非医生建议，否则孕妈妈在产前不必再补充各类维生素制剂，以免引起代谢紊乱。

此时，孕妈妈每天应摄入优质蛋白80～100克，为将来给宝宝哺乳做准备。还可多吃些脂肪和糖类含量高的食品，为分娩储备能量。保证每天主食（谷类）500克左右，总脂肪量60克左右。孕妈妈可多喝粥或面汤等容易消化的食物，还要注意粗细搭配，避免便秘。

2.吃有益宝宝视力的食物

孕妈妈在孕期应多吃优质鱼类，如沙丁鱼和鲭鱼，宝宝出生后视力就会发育良好。这是由于优质鱼类中富含一种构成神经膜的要素——DHA，能帮助胎宝宝视力健全发展。孕晚期如果胎儿严重缺乏DHA，会出现视神经炎、视力模糊，甚至失明。但不建议孕妈妈吃鱼类罐头食品，最好购买活鱼自己烹饪。

孕妈妈还应该多吃含胡萝卜素的食品以及绿叶蔬菜，防止维生素A、维生素B、维生素E缺乏。尤其是妊娠反应剧烈，持续时间比较长，甚至影响进食、呕吐的孕妈妈，一定要注意维生素和微量元素的补充。

3.饮食要为临产做好准备

临产前，孕妈妈一般心情比较紧张，不想吃东西或吃得不多。所以，在饮食上要注意以下几点：

◎ 选择营养价值高和热量高的食物，这类食品很多，常见的有鸡蛋、牛奶、瘦肉、鱼虾和大豆制品等。

◎ 进食应少而精，防止胃肠道充盈过度或胀气，以便顺利分娩。

◎ 分娩过程中消耗水分较多，因此临产前应吃含水分较多的半流质软食，如面条、大米粥等。

◎ 为满足孕妈妈对热量的需要，临产前吃一些巧克力（不宜过多）会很有帮助。很多营养学家和医生都推崇巧克力，认为它可以充当"助产大力士"。因为巧克力含脂肪和糖丰富，而且能在很短时间内被人体消化吸收和利用，产生大量的热能，供人体消耗。同时，巧克力体积小，香甜可口，尤其适合于那些产前吃不下食物的准妈妈。

▲ 白糖、鸡蛋羹等都是孕妈妈临产前较为适宜吃的食物。

◎ 有些民间的习惯是在临产前让孕妈妈喝白糖水（或红糖水），吃肉丝面、鸡蛋羹等，这些都是孕妈妈临产前较为适宜吃的食物。但是一定要注意，临产前不宜吃过于油腻的油煎、油炸食品。

4.补充镁元素

妊娠过程中，镁的需要量也会随之增加。镁元素不但可以维持母体营养的平衡，也可以预防妊娠中毒症。妊娠中毒症是孕晚期的常见并发症，其病因主要是由于心脏等血液循环系统出现了问题。倘若孕妈妈能适量补充镁元素，则能有效预防妊娠中毒症。

镁在肉类、奶类、大豆、坚果中含量丰富。另外，菠菜、豆芽、香蕉、草莓等蔬果中镁的含量也很高。

5.适当多吃鲤鱼和鲫鱼

鲤鱼有健脾开胃、利尿消肿、止咳平喘、安胎通乳、清热解毒等功能。到了孕期的最后一两周，孕妈妈面临分娩，心里多多少少会有些压力，由此引发食欲缺乏、食量降低等状况。此时，准爸爸为孕妈妈煮碗鲤鱼汤，能有效改善以上情况。另外，孕妈妈常喝鲤鱼汤，还能刺激乳汁分泌。

鲫鱼有益气健脾、利水消肿、清热解毒、通络下乳等功效。孕妈妈适当喝些鲫鱼汤，对促进乳汁分泌非常有益。

6.根据分娩方式安排饮食

自然分娩：分娩是一件很消耗体力的生理过程，因此，越接近预产期，孕妈妈越要注意均衡且规律的饮食。注意，越接近生产，胎宝宝的头会越往骨盆下去，孕妈妈的食欲会逐渐恢复。这时孕妈妈可不要毫无顾忌地吃喝，要控制自己的饮食，少吃脂肪、盐分含量高的食物。

如果无高危妊娠因素，准备自然分娩的话，建议孕妈妈在分娩前准备些容易消化吸收、少渣、可口味鲜的食物，如面条鸡蛋汤、面条排骨汤、牛奶、酸奶、巧克力等食物，吃饱吃好，为分娩准备足够的能量。如果吃不好、睡不好，紧张焦虑，容易导致疲劳，将可能引起宫缩乏力、难产、产后出血等危险情况。

剖宫产：有人认为剖宫产出血较多，会影响母婴健康，因而在术前进补人参以增强体质，这种做法很不科学。人参中含有人参苷，具有强心、兴奋等作用，食用后会使产妇大脑兴奋，影响手术的顺利进行。另外，食用人参后，会使产妇伤口渗血时间延长，有碍伤口的愈合。准备剖宫产的孕妇也要注意在术前几天不要吃鱿鱼，鱿鱼体内含有丰富的有机酸物质——EPA，它能抑制血小板凝集，不利于术后的止血与创口愈合。

7.根据产程安排饮食

分娩相当于一次重体力劳动，产妇必须有足够的能量供给，才能有良好的子宫收缩力，宫颈口开全后，才能将孩子娩出。产妇如果在产前不好好进食、饮水，极容易造成身体脱水，引起全身循环血量不足，供给胎盘的血量也会相应减少，容易使胎儿在宫内缺氧。

第一产程：由于不需要产妇用力，所以产妇应尽可能多吃些东西，以备在第二产程时有力气分娩。所吃的食物应以碳水化合物为主，因为它们在体内的供能速度快，在胃中停留时间比蛋白质和脂肪短，不会在宫缩紧

二、孕10月明星营养素

孕10月，孕妈妈的饮食要为即将到来的分娩"加油"。那些有助于分娩的营养素在本月要适当多摄入。

1.锌：帮助孕妈妈顺利分娩

快要临产了，孕妈妈们心里既欢喜又害怕。在饮食上，准备顺产的孕妈妈可多吃富含锌的食物。

● 功效解析

锌是酶的活化剂，参与人体内80多种酶的活动和代谢。它与核酸、蛋白质的合成，碳水化合物、维生素的代谢，胰腺、性腺、脑垂体的活动等关系密切，有非常重要的生理功能。

在孕期，锌可预防胎宝宝畸形、脑积水等疾病，维持小生命的健康发育，帮助孕妈妈顺利分娩。

● 缺乏警示

缺锌会影响胎儿在子宫内的生长，使胎儿的大脑、心脏、胰腺、甲状腺等重要器官发育不良。有研究发现，胎儿中枢神经系统先天畸形、宫内生长迟缓、出生后脑功能不全，可能与孕妈妈缺锌有关。

孕妈妈缺锌会降低自身免疫力，容易生病，还会造成自身味觉、嗅觉异常，食欲减退，消化和吸收功能不良，这势必会影响胎儿发育。

据专家研究，锌对孕妈妈分娩的影响主要是增强子宫有关酶的活性，促进子宫肌收缩，帮助胎儿娩出子宫腔。缺锌时，子宫肌收缩力弱，无法自行娩出胎儿，因而需要借助产钳、吸引等外力才能娩出胎儿，严重缺锌者则需剖宫产。因此，孕妇缺锌会增加分娩的痛苦。此

▲ 第二产程时，产妇可以吃些蛋糕、巧克力等高能量、易消化的食物。

张时引起产妇不适或恶心、呕吐。此外，产妇吃的食物应稀软清淡、易消化，如蛋糕、挂面、糖粥等。

第二产程：多数产妇在第二产程不愿进食，可适当喝点儿果汁或菜汤，以补充因出汗而流失的水分。由于第二产程需要产妇不断用力，应进食高能量、易消化的食物，如牛奶、糖粥、巧克力等。如果实在无法进食，也可通过输入葡萄糖、维生素来补充能量。

外，子宫肌收缩力弱，还有可能导致产后出血过多及并发其他妇科疾病。

● **每日摄入量**

孕妈妈每日摄入锌的推荐量为16.5毫克左右。如果缺锌，可以遵医嘱服用锌制剂补充。

● **最佳食物来源**

肉类中的猪肝、猪肾、瘦肉等；海产品中的鱼、紫菜、牡蛎等；豆类食品中的黄豆、绿豆、蚕豆等；坚果类中的花生、核桃、栗子等，都是锌的食物来源。特别是牡蛎，含锌量最高，每100克牡蛎含锌100毫克，居诸品之冠，堪称"锌元素宝库"。

2. β-胡萝卜素：天然抗氧化剂

β-胡萝卜素是孕晚期的明星营养素，既有利于胎儿和母体，又有利于将来的哺乳。

● **功效解析**

β-胡萝卜素在人体内能够转化成维生素A，可促进骨骼发育，有助于细胞、黏膜组织、皮肤的正常生长，

▲ 牡蛎是含锌量最高的食材。

增强人体的免疫力，对母体的乳汁分泌也有益。

β-胡萝卜素具有抗氧化性，对心脏病、肿瘤、免疫失调、脑中风及白内障等症均具有一定预防作用。

● **缺乏警示**

孕妈妈缺乏β-胡萝卜素会直接影响胎儿的心智发展，此外，还会加大胎儿的患病率，易使新生儿出现反复性的气管、支气管等呼吸道炎症和肺部炎症。

● **每日摄入量**

孕妈妈β-胡萝卜素的推荐摄入量为每日6毫克。

● **最佳食物来源**

植物性食物中的β-胡萝卜素含量会因为成熟程度和季节的不同而有所不同。通常食物的颜色越深，其含有的β-胡萝卜素也就越多。富含β-胡萝卜素的食物主要有红色、橙色、黄色的蔬菜、水果以及绿色蔬菜，如菠菜、西蓝花、生菜等。

含β-胡萝卜素的食物适宜与富含脂肪的食物同吃，有助于人体对β-胡萝卜素的吸收。

● **好"孕"提示**

β-胡萝卜素在加热后不会流失掉，反而更易被吸收。

为使人体吸收的β-胡萝卜素在体内充分发挥作用，必须养成良好的生活及饮食习惯。如果孕妈妈抽烟、过量饮酒、精神经常紧张和睡眠不足，即使摄取再多的β-胡萝卜素，也会被破坏殆尽。如果身体摄取过多的β-胡萝卜素，皮肤颜色会偏向橙黄色，减少摄入量后皮肤可恢复正常。

3.硒：天然解毒剂

硒是孕期不可忽视的营养素。在孕10月有意识地摄取富含硒的食物，可以为新生儿进行相应的硒储备。

● 功效解析

硒是维持人体正常功能的重要微量元素之一。宝宝出生时血硒水平很低，需及时从母乳中摄取大量的硒，以保证宝宝正常的生长发育。

硒是天然的解毒剂。硒对部分有毒的重金属元素，如镉、铅有解毒作用。

硒能防治妊娠期高血压。硒具有抗氧化的功效，可以帮助清除人体内的自由基，降低孕妇血压，消除水肿，改善血管症状，有助于改善妊娠性原发性高血压综合征。

硒能提高人体免疫力。硒是谷胱甘肽过氧化物酶的组成成分，有助于清除体内的过氧化物，保护细胞和组织免受过氧化物的损害，提高机体的免疫力，抗衰老。

硒能预防心血管疾病。硒可维持心血管系统的正常结构和功能，防止心血管疾病的发生。

硒能改善眼部疾病。眼部疾病如白内障及糖尿病失明者补充硒后，可改善视觉功能。

● 缺乏警示

孕妈妈缺硒不但会加重多种妊娠不适，还容易发生早产，严重缺乏时可导致胎儿畸形。

● 每日摄入量

由于人体对硒的需求量并不是很多，所以孕妈妈每日只需补充大约50微克的硒即可。

● 最佳食物来源

富含硒的食物有动物内脏、鲜贝、海参、鱿鱼、龙虾、猪肉、羊肉、芝麻、黄花菜、大蒜、蘑菇、酵母等。一些谷物，如小麦、玉米和大麦中含有硒化合物。此外，洋葱、西蓝花、紫甘蓝等硒含量也较为丰富。孕妈妈只要在每日饮食中适当摄入上述食物，即可满足人体对硒元素的需求。

● 好"孕"提示

含硒食物不宜加工过度，烹调时间过长或烹调温度过高很容易导致食物中的硒流失。

三、孕10月特别关注

在胜利的最后关头，有些孕妈妈却会遭遇最后的艰难考验。在本月，有的孕妈妈会产生临产恐惧，有的孕妈妈会遭遇"宝宝赖在子宫里不肯出来"的尴尬局面。遇到这些情况时，孕妈妈们该如何应对呢？

1.临产恐惧

随着预产期一天天临近，孕妈妈小祺一天比一天紧张，怕生产时太痛，又担心到时候生不出来。快生产了，不少孕妈妈会如小祺一样产生临产恐惧，这是正常的，但孕妈妈要学会从容应对，及时解除这种恐惧感。

● 症状及原因

临产是指成熟或接近成熟的胎儿及其附属物（胎盘、羊水）由母体产道娩出的过程，又称为分娩，民间称为临盆。有的孕妇尤其是初产孕妇对临产非常恐惧，害怕痛苦和生产时出现意外，其实这是没必要的。

临产时过分紧张会造成分娩困难。怀孕、分娩属于自然生理现象，所以产妇不必惊慌、恐惧，顺其自然，加上接生医生的帮助，自然会顺利分娩；相反，如果临产时产妇精神紧张，忧心忡忡，就会影响产力，从而导致产程延长，造成分娩困难，带来不必要的麻烦和痛苦。

● 饮食调理

临产前孕妈妈应吃高蛋白、半流质、新鲜且味美的食品，以减少恐惧感。

临产前孕妈妈一般心情比较紧张，不想吃东西或吃得不多，所以首先要求食物的营养价值高，可选择鸡

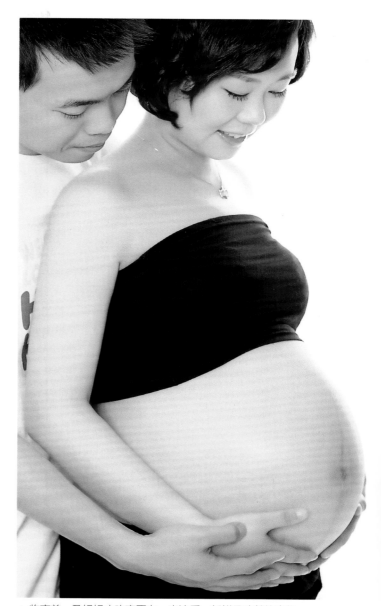

▲ 临产前，孕妈妈应吃高蛋白、半流质、新鲜且味美的食物，以减少恐惧感。

蛋、牛奶、瘦肉、鱼虾和大豆制品等食物。同时，要求进食少而精，以防止胃肠道充盈过度或胀气而妨碍分娩。再者，分娩过程中消耗水分较多，因此，临产前应吃含水分较多的半流质软食，如面条、大米粥等。

★ 切忌临产前吃油煎、油炸食品。

2.过期妊娠

预产期已经过去一个多星期了，胎儿却还在肚子里稳稳当当地待着，一点儿出来的意思也没有，这可把孕妈妈急坏了。

● 症状及原因

据统计，只有5%的孕妇是正好在预产期当天自然临产分娩的，60%以上的孕妇在预产期前后5天内分娩。在预产期前后两周内分娩者，都属正常，新生儿的存活能力较强，但要是推迟到2周后，就属于临床上的过期妊娠，此时由于部分孕妇的胎盘出现老化，胎儿会因缺氧而窒息，对孩子的危害较大。有人认为，胎儿在母体内多待一段时间可以更成熟，对胎儿更好，其实这是不正确的。

由于过期妊娠，胎盘老化，出现退行性改变，使绒毛间隙血流量明显下降，形成梗死，供应给胎儿的氧气和营养物质减少，胎儿无法继续生长，严重时胎儿会因缺氧窒息而死亡。过期妊娠的胎儿头骨变硬，胎头不易塑形，不易通过母体狭窄曲折的产道。同时，过期妊娠的胎儿长得较大，羊水量较少，也对分娩不利，容易造成难产。

● 饮食调理

过期妊娠时，孕妈妈吃些催生助产的食物再合适不

▲ 紫苋菜等为催生助产的食物。

过了。空心菜、紫苋菜、豆腐皮等食物性寒，有清热、活血、滑胎、利窍的作用，若孕期食用，对孕妈妈来说有发生流产的危险，但在临产前食用，能起到催生助产的作用。临产前，孕妈妈可食用空心菜粥、紫苋菜粥等，既能补充体力，又可缩短生产时间。

● 好"孕"提示

适度的运动也有助于催生，比如散步、爬楼梯等。值得注意的是，妊娠超过41周时，产妇应及时就诊，医生会根据实际情况决定终止妊娠的方案，如采取剖宫产等分娩方式。

四、孕10月推荐食谱

　　孕10月，孕妈妈随时会面临生产，因此一些之前禁止吃的、容易导致滑胎的食物如苋菜、薏仁等在本月却可适当多吃，因为这些食物有助于胎儿的顺利娩出。孕10月孕妈妈每日食谱可参见表11-1。

表11-1　孕10月孕妈妈每日食谱参考

餐次	时间	饮食参考
早餐	7：00~8：00	豆浆1杯，煮鸡蛋1个，面条1碗
加餐	10：00	牛奶1杯，开心果4~6枚
午餐	12：00~12：30	豆焖鸡翅100克，莲藕排骨汤1碗，牛肉卤面1份
加餐	15：00	酸奶1杯，新鲜水果适量
晚餐	18：30~19：00	羊肉炖红枣100克，小鸡炖蘑菇100克，米饭100克
晚点	20：30~21：00	牛奶1杯，消化饼2块

说明

　◉ 早餐可以换成虾片粥和卷饼。
　◉ 上午的加餐可以换成水果和蛋糕。

紫苋菜粥

材料： 大米100克，紫苋菜250克

调料： 盐、猪油各适量

做法： ❶ 将紫苋菜择洗干净，切丝。

❷ 将大米淘洗干净，放入锅内，加适量清水，置于火上，煮至粥九分熟时，加入猪油、紫苋菜丝、盐，待两三滚后即可。

绿豆薏米粥

材料： 绿豆、薏米各50克，糯米100克

调料： 冰糖适量

做法： ❶ 将各材料洗净，提前加适量水浸泡。

❷ 将绿豆、薏米、糯米放入煮锅中，加适量水，大火煮开，改小火煮40分钟，加入冰糖，中火再煮25分钟即可。

♥ **营养解析** 此粥能利窍滑胎，有助顺产，适于孕妇临盆前食用。

♥ **营养解析** 绿豆和薏米都有一定的滑胎作用。足月以后食用，有利于胎儿顺产。

双耳牡蛎汤

材料： 牡蛎100克，水发银耳、黑木耳各50克，葱姜汁1/4匙

调料： 高汤2碗，料酒2小匙，盐1小匙，姜片少许，鸡精、醋、胡椒粉各适量

做法： ❶ 将黑木耳、银耳洗净，撕成小朵；牡蛎放入沸水锅中氽烫一下捞出。

❷ 将锅置于火上，加入高汤烧开，放入黑木耳、银耳、料酒、葱姜汁、鸡精、姜片煮15分钟。

❸ 倒入牡蛎，加盐、醋调味，煮熟，最后撒上胡椒粉调匀即可。

> ♥**营养解析** 此汤可提高孕妈妈的免疫力，还可缓解便秘症状。牡蛎富含锌，常喝此汤有助于补锌，帮助孕妈妈顺利分娩。

莲藕排骨汤

材料： 排骨500克，莲藕500克，莲子10颗

调料： 盐适量

做法： ❶ 排骨洗净，莲藕去皮切片，莲子洗净。

❷ 在锅中加清水适量，放入排骨，以中火煮滚，然后用小火炖煮约30分钟，再加入莲藕和莲子。

❸ 烧滚后再炖2小时，待藕片变软后加入盐调味即可。

> ♥**营养解析** 这道菜具有补锌益脾和安神的功效。

羊肉炖红枣

材料： 优质羊肉350克，红枣100克，黄芪、当归各15~20克

调料： 红糖100克

做法： 将上述材料加1000毫升水一起煮，待水煮至500毫升后，倒出汤汁，分成2碗，分别加入红糖即可。

> ♥**营养解析** 这道菜能够增加体力、安神，还可快速消除疲劳，有利于产妇顺利分娩，对于防止产后恶露不尽也有一定作用。孕妈妈宜在临产前三天开始早晚服用。

麻油青虾

材料： 通草10克，青虾80克，老姜、青葱各适量

调料： 盐、米酒、黑芝麻油各适量

做法： ❶ 将青虾洗净泥沙，去沙线；青葱切段；老姜切丝。

❷ 锅加油烧至八成热，煸入老姜炒香，再放入青虾略炒。

❸ 加入米酒、盐、通草煮熟，最后撒入少许青葱段，淋黑芝麻油即可。

小鸡炖蘑菇

材料： 子鸡1只，蘑菇75克，葱段、姜片、八角各适量

调料： 盐、酱油、料酒、白糖各适量

做法： ❶ 将子鸡洗净，剁成小块。

❷ 将蘑菇用温水泡30分钟，洗净待用。

❸ 锅中放油烧热，放入鸡块翻炒，至鸡肉变色，放入葱段、姜片、八角、盐、酱油、白糖、料酒，将颜色炒匀，加入适量水，炖10分钟左右后倒入蘑菇，以中火炖30~40分钟至熟即可。

♥ **营养解析** 虾的通乳作用较强，并且富含钙、磷，对哺乳的新妈妈尤有补益功效；通草清热利尿，通气下乳。这道菜口味清淡，适合产后的新妈妈调养身体。

♥ **营养解析** 此菜营养丰富，易于消化吸收，有利于临产前孕妇积蓄体力，储备能量。

豆焖鸡翅

材料： 黄豆50克，水发海带50克，鸡翅4个，葱、姜末
适量

调料： 盐、酱油、料酒、白糖、花椒水各适量

做法： ❶ 黄豆、海带加葱姜末煮熟，鸡翅用花椒水、酱
油、料酒、葱姜末、盐等腌制入味。

❷ 炒锅加油，烧至八成热，放入腌好的鸡翅，翻炒
至变色，再加其他调料、所有食材及适量水，转小
火一同焖至汁浓即成。

牛肉卤面

材料： 挂面100克，牛肉50克，胡萝卜、红椒、冬笋各
30克

调料： 酱油、水淀粉各1大匙，盐、鸡精、香油各1小匙

做法： ❶ 将牛肉、胡萝卜、红椒、冬笋均洗净，切小丁。

❷ 挂面煮熟，过水后盛入碗中。

❸ 锅中倒油烧热，放牛肉丁煸香，放胡萝卜丁、红
椒丁、冬笋丁和调料翻炒，最后用水淀粉勾浓芡
后，盛出浇在面上即可。

♥**营养解析** 此道菜富含钙元素。

♥**营养解析** 此面营养丰富，口味清香，且易于消化吸
收，能快速补充体力，很适合孕妈妈分娩前食用。

特别鸣谢：

本书中孕期营养美食由享有"中国烹饪大师""中国雕刻大师"称号的甘智荣亲手制作。

甘智荣凭借个人独特的天赋、刻苦钻研的精神，在八大菜系的专业领域都积累了丰富经验。目前他是深圳市娱乐频道《食客准备》栏目的长期特邀嘉宾、美食026雕刻版主、中粮集团食品研发工作者及多家酒店餐饮顾问。近年参与编写《饮食与健康》《四季饮食》《养生相宜与相克》，主编《雕刻与围边入门》《精选家常营养汤1188例》《精选美味家常菜1268例》《精选家常保健菜1388例》《精选简易家常菜1488例》《精选家常菜汤粥1588例》《精选大众家常菜1688例》《最优家常菜666》《健康家常小炒2688例》《家常小炒6000例》《川湘菜6000例》等专业烹饪书籍及教学光碟30余套。其所创办的智荣厨艺培训学校名扬海内外。